构筑物的
坚固性设计

Design
for Robustness

[加]弗朗茨·诺尔
[瑞]托马斯·沃格尔　著

张德祥　译
张大文　校

U0319944

中国建筑工业出版社

著作权合同登记图字：01-2012-9011号

图书在版编目（CIP）数据

构筑物的坚固性设计 /（加）诺尔，（瑞）沃格尔
著；张德祥译. — 北京：中国建筑工业出版社，2014.7
ISBN 978-7-112-16836-1

Ⅰ.①构… Ⅱ.①诺…②沃…③张… Ⅲ.①建筑设
计 Ⅳ.①TU2

中国版本图书馆CIP数据核字（2014）第097270号

责任编辑：白玉美　率　琦
责任设计：董建平
责任校对：陈晶晶　刘梦然

构筑物的坚固性设计
Design for Robustness
[加]　弗朗茨·诺尔
　　　　　　　　　　　　　著
[瑞]　托马斯·沃格尔
张德祥　译
张大文　校
　　＊
中国建筑工业出版社出版、发行（北京西郊百万庄）
各地新华书店、建筑书店经销
北京京点图文设计有限公司制版
北京同文印刷有限责任公司印刷
　　＊
开本：787×1092毫米　1/16　印张：5¾　字数：140千字
2014年10月第一版　2014年10月第一次印刷
定价：22.00元
ISBN 978-7-112-16836-1
　　　　（25628）

前　言

坚固性是一种性能，其内容变化如此之大，以至于难以就其复杂多样性、相互关联性及交叉关系等进行说明，就更不用说把它上升为一种协调一致的通用理论了。

本书试图在结构体系的框架下，至少就坚固性的重要因素进行切合实际的审视，收集一些处理结构设计方面的某些典型情况的思路或方式方法，从而使结构体系得到更好的存续，或减轻不可预知事件对结构体系的不良影响。

本书分两部分：

● 审视坚固性要素及由设计确定的坚固性对策（第 1 ~ 8 章）。希望该部分足够简短明确，而不至于使读者过早感到枯燥乏味。

● 审视具体案例，试图用某些典型的或众所周知的实例来说明：坚固性的确立必须突破教科书上的结构设计程序（第 9 ~ 10 章）。

写书是个孤独寂寞的事情。更重要的是有人在其付梓之前对结果的关注。作者希望对以杰夫·塔普林（Geoff Taplin）及米卡埃尔 W. 布雷斯洛普（Mikael W. Braestrup）为主席的国际桥协结构工程文献编委会，以及他们指定的审稿人小劳瑞 A. 怀利（Loring A. Wyllie, Jr）表示感谢，他们花费了宝贵时间来审阅书稿，并反馈意见来改进本书。最后，要特别感谢国际桥协及其总部，正是因为有了他们的支持，向尊贵的读者传播我们的经验和思想才成为可能。

加拿大魁北克省蒙特利尔尼可莱·沙特朗·诺尔公司

弗朗茨·诺尔

瑞士苏黎世瑞士联邦理工学院结构工程学院

托马斯·沃格尔

目　录

第1章 导论

1.1 什么是坚固性？

坚固性是各体系的性状、能使各体系渡过不可预见的或不寻常的情况。

一个系统的设计，不论是自然或是人工的，都是典型的为了导向正常使用，即在系统的理想使用寿命期内必须或能够预料到所存在的各种情况。然而，受此局限，设计可能会受预料情况之外的各事件的影响而不堪一击。这些影响可能会具有非常多样化的特征，并可能会与设计中所预料的特征相关联，但其强度却超出了预料，或者它们可能是与设计前提完全无关的一种类型。

第一种情况可以用一种结构来示范说明，尽管其设计是要抵抗一组自然条件（例如气候或地震影响），但却屈服于这些条件，原因在于其结果大大超出了所预想的数量级。

第二种情况的一个例子可能会在自然系统中看到，例如，由于人为造成的逆境或类似情况，栖息地遭受毁灭的某些物种正在消失。当然，大自然将会始终存在，而绝大多数情况下，这将会通过系统的扩张出现：当一个物种作为系统消失时，其他物种将作为一个更大的系统的一部分来取代它——大自然能将系统扩张至一个行星和超出行星范围——"大自然将会让人类存续"。当然，我们的问题是人类是否将会存续，以及如何用人类的力量去扩展自身及人类所创造的各种有限的系统。

为了对坚固性的性状有合理和协调一致的说明，必须尽可能地阐述和澄清某些基本概念——尽管一个严格的定义可能会遥不可及，但它在某种程度上可能对其他众所周知的概念造成缩减。首要的需要澄清的两个概念与上述简要的引言中所用的两个术语有关，即系统和存续。

1.2 系统

就系统来说，容易看出该术语可指极广变化范围的任何东西。从不同范围的自然生态系统到个体生物的消化器官，从一个国家的政治体制到一件工具比如计算机或厨房用具，到精神产物比如哲学，或那件厨房用具的使用说明。考虑到这种多样性，限制应用范围似乎会对找出系统可控的描述提供唯一希望。那就是：由于本书的目标是要找到使结构更坚固的方法，系统的概念应该限定在：什么东西可以被合理地称为结构体系。该术语仍然还包括多种东西，从建筑物的现浇混凝土框架到模板的支撑方法，再到单个结构构件比如桥的大梁或焊接的钢节点。所有这些，构成了一个总体结构系统的子系统，而各子系统的坚固性对于系统的存续将起重要作用。

与大自然不同的是，所有结构系统在时间、空间和目的上都有限制。在自然系统中，一个个体的消失并不重要，而这也不属于人类文物，人类文物是针对一项独特功能所创造和购买的。如果我房子的屋顶在 50 年一遇的暴风雪期间被压垮了，求助更换屋顶也是不可接受的，因为其建造目的是明确和有限的，即给我提供一处躲避风雪寒冷的庇护所。

1.3 存续

探讨坚固性的另一个基本概念是存续。存续不是绝对的，其描述可能因所处环境而变化。通常，它指功能的存续，即通过其坚固性，结构系统必须继续提供其被创造、修正或保存时的功能，而且，无论发生什么情况，它都必须能这么做，即不受外界环境影响。这些环境可能包括对结构系统的有限破坏，或许是在有限时间内对整体功能的减少或中断，但从根本上来说，在结构系统设定的使用寿命期内，必须能维持其功能。一幢遭受了地震影响的建筑物，留下某些裂痕、破碎的玻璃或其他类似情况，但能在合理时间内以可接受的费用加以修复，就已经是存续下来了，即使暂时必须疏散某些住户或给其造成了不便。对另外一幢建筑则不是这样，尽管它仍然还树立着，但必须报废和拆除，因为要修复它可能会耗时太久、耗费太贵或过于危险。

对于上述探讨，术语"结构"也需要更具体化。结构的功能通常包括：抵抗荷载效应或化学侵蚀，躲避气候现象，容纳各种物质，有时是为了达到更专业化的目的，比如提供视觉效果，设防，以及安全、遮阳等等。

1.4 结构规范中的坚固性

尽管某些建筑规范要求结构物必须坚固，但仅仅只有最新的规范才在突出位置规定了坚固性。例如，在欧盟各国，欧洲规范必须取代各国建筑规范，而在其他一些国家，比如挪威、瑞士、冰岛、塞浦路斯等，则仅仅明确要求在基础设计中需要有坚固性（[3] 第 2.1 条基本要求）：

"[3] 结构物应以这样的方式设计和施工，它不会因诸如下列情况导致的破坏达到与原始动因不成比例的程度：

- 爆炸
- 冲击
- 人为错误造成的后果

[4] 应适当选择下列一种或多种对策以避免或限制潜在的破坏：

- 避免、消除或减小结构物可能遭受的危害；
- 选择一种结构形式，它对所考虑到的危害敏感性较低；
- 选择一种结构形式和设计，它能在意外拆除了单根构件或结构物有限的一部分或出现了可承受的局部破坏后，还能充分存续；

- 尽量避免无预警坍塌的结构系统；
- 将结构构件缚在一起。"

在关于偶然作用的欧洲规范 1-7 中，最后将坚固性定义为："结构承受像火灾、爆炸、冲击或人为错误的后果这类事件的能力而不会使破坏达到与原始动因不成比例的程度。"（[4]，第 1.5.14 条）

委员会要把这种范围要求写进规范里当然很容易。然而，如果在提此要求的同时没有提供帮助，就会使工程师感到相当尴尬。目前还没有哪种规范以任何有用的方式在这样做，而是让工程师们自行解决。本书试图提供某种帮助。

第2章 可预见的不可预见性

2.1 普通结构设计

今天，结构系统设计最常见的是以数学模型为根据用于分析的目的，而数学模型由将来的真实结构所代替。所模拟的内容，除了结构（几何形状，拓扑结构，刚度，质量，重量，等等）的物理描述外，还要考虑在使用寿命期（荷载效应，化学退化，磨损等等）的结构所暴露的环境。有时候，通过验证载荷或其他代表性的试验，物理模型比如按比例缩小的复制品、足尺模型或最终结构本身，都会用来证明其设计的合理性。

证明结构系统的合适性必须通过采用某种形式的替代品来实现，且极少是仅针对最终产品[1]进行论证的，该事实已被工程艺术（regles de l'art）所认同并加以合理化，且以建模规程的形式在建筑规范和手册中进行了表述，并规定了最小安全边际量。安全边际量旨在补偿用于分析、实际等量值、真实结构以及其环境的理想模型之间预计会存在的差额。当建筑规范中预计出现 50 年一遇的最大降雪荷载取 2.5kPa 时，令人满意的设计必须提供一种结构，它能承受更高的（例如 1.5 倍）荷载。同时，所模拟的结构支撑力则会成问题，而在设计中会假定支撑力值略低，设计者会认为：真实结构的形成可能不会很圆满周到，从而可能会导致支撑力系统比文件规定的略小。

主要通过大量实际结构的经验以及通过实验室的许多研究，现已推导出了安全边际量。其值通常由专门指定的委员会达成共识而确立。这些值会定期作调整，以反映出其数值与其形式的合适性相关的新信息。然而，对于大多数的应用情况，最近还没有作实质性调整（例如大于 10%），反映出的都是些本该如此的一般印象。

2.2 缺点

只要安全边际量的数值与形式存在，就更是这种情况。但另一方面，事故仍然发生，不仅直接参与其中的人很懊恼，也会造成经济损失，因为人们将不得不用物资去弥补损失。

在事故后的法医调查中，通常公认的是：事故的环境与过去用于已破坏的结构系统设计中的安全边际量数值关系不大，但在设计和分析的时间及背景下又必须归因于某件过去完全未曾预料到的事情。换句话说，仅仅放大安全边际量可能并不会防止事故发生。

1　与工业产品不同，结构系统常常独一无二，以致不可能有试验模型或连续试验，特别是破坏性试验。

由于在很多时候不能消除导致事故的外部原因（在结构系统之外）——从极端的自然事变到人类某些个体或群体偶然的或敌对行动——目标都是要找到给予结构体系坚固性的方法，从而渡过这些不可预见的事变。我们还不要忘了：结构体系本身可能会含有缺陷，从而会导致事故，而外部环境纯然处于其正常的预料范围内。通常来说，人为错误被看做是这些缺陷的根源，人为错误始终与我们相伴，并且将不会终结；而假定是必须的。于是又回到刚才说的：必须找出让结构体系度过不可预见事变的方法，即便这可能就是方法本身的一个缺陷。

2.3　从我们的祖先那里寻找答案

从历史上来看，结构设计未利用数学模型和解析计算，更不用说计算机了。而传统上，建筑者们——那些"纯粹的"实践者，在某种程度上获得了安全结构体系的令人印象深刻的项目单，而其中绝大部分都提供了足够的坚固性，以使它们经久耐用。相反，还有众所周知的大量结构物遭到惨败的例子，尽管对结构的分析极其谨慎小心，设计也采用了当时最先进的理论。究其原因，是当时的理论或模型没有反应出导致失败的情形到底是什么。

那么是什么使得某些结构物在形成之初并未借助任何合理的理论却经久耐用，而其他一些结构物，尽管采用了专用于设计并为之付出巨大努力创立和应用的理论，却失败了——当然，即便如此，难道我们可以忘记早期的失败不复存在，而去说明什么……？

对该问题的回答是多种多样的：

我们的钢结构老师过去常说："一个螺栓等于没有螺栓。"所以即使一个理论告诉你：单个螺栓的强度足以传递从一个结构物构件到下一结构物构件预期的力，那我们至少也要提供两个螺栓，因为单个螺栓可能恰巧是那批螺栓中的一个残次品，出现破裂却未经预告。破裂的后果是增加一个螺栓的成本所无法比拟的，因此非常值得为增加一个螺栓投资。该规则必须追溯到有一个世纪之久的工程实践，那时，每个建设者都知道提供某些额外强度是值得的，为的是"以防万一"，并且不会"孤注一掷"。

历史上就有这样的故事，即该规则被忽略、然后就出现惨痛失败（古罗马的贫民窟建筑、巴黎的博韦大教堂、建于20世纪六七十年代的现代混凝土桥梁）的实例。这些都是设计被刻意最小化或"优化"成了干骨架，或已经达到极限了，但人们仍然还假装它是可信的，那结果只能招致惨败。究其原因，只要出现一点小状况，产生的后果就如同谚语所说的稻草压断了骆驼的背。

我们现在有工具来模拟所有这类情况并评估实际后果（力，变形，强度降低）和相同情形的概率，以及分析我们正在设计的结构物的响应——条件是在分析中一切都得到了正确的考虑，且未遗漏任何重要事项。

某些结构体系的设计旨在承受预期情况下的破坏，但却还要继续发挥其功能。作为这种情况的一个例子，可以引证沿汽车道的护栏，在强有力的碰撞下，它们将会产生弯曲与扭转，但必须阻止车辆离开车道。

作为特定情况的后果，某些结构体系甚至会改变功能：车祸中的小汽车会从交通工具变成防护工具，使乘客免受身体伤害。同样的，在极端地震情况下，建筑物被允许承受某些破坏，甚至损害其作为房屋或工作场所的主要功能，只要它们继续提供安全出口或起阻挡坠落的残骸、火灾等等掩体的作用就行。

第3章　通过坚固性存续

对于度过意外事件或情况且其应有的功能又未受损的结构体系，它必须拥有足够的备用能力以便承受发生意外事件期间和意外事件之后的各种状况。因此一个坚固的结构体系具有：

$$剩余容量 \geq 剩余需求 \tag{3.1}$$

通常来说，容量会与支撑力（即强度）有关，但是，它也许还意味着可变形性、延性、稳定性、重量、质量或刚度，因为这些特性中的任何一种都可能是很关键的，这要随情况而定。术语"剩余"或"意外事件之后"在字面意义上并不总是指暂时情况，但如果有暗伤或弱点存在，那就意味着：意外事件的情况（缺陷在起作用）已经出现了。

在出现意外事件期间或由于意外事件的发生，特别是在说明荷载路径时，一个结构体系可能会改变其性状。该术语可被定义为受内力和外力影响的系统的所有构件的整体。它可以用应力、内力、反力等来描述，这些力都出现在那些构件上，而且可以通过计算或测量从力的施加点到系统的边界的那些数量而把它们绘制出来。用一根挂有重物的链子就可以提供一个简单的实例：荷载路径会从钩子通过所有链节传到悬挂点（甚至之外，如果之外的构件被包括在系统内的话）。

沿着道路的护栏的例子非常能说明荷载路径的改变：当碰撞冲击较轻时，栏杆将抵抗冲击而弯曲，但变形不会太严重。较大的冲击将会受到膜式（membrane fashion）抵抗，护栏变弯曲脱离原位，并主要以吊带形式起作用。这第二种荷载路径代表第二道防线，是坚固性的主要策略之一。

如上所述，由于意外事件的结果，结构体系还可能改变其功能，正如车祸中车的例子，或极端地震后的建筑物那样。然而，情况并不总是这样，在意外事件后，结构的设计可能不得不使其主要功能不受损，或者所赋予的类似功能不受损。这种情况的重要例子是：除了军事设施外，打算用作避难所的医院，学校或类似场所，供遭受意外事件而无家可归的人员使用。同样，进入受灾地区所需的道路、桥梁和机场必须在意外事件后还保留其原始功能而发挥作用。如果不能的话，通常的后果是大量生命的丧失。

必须安然度过意外事件且其主要功能又不受损的另一类结构包括含有危险物质的所有设施，其泄漏或起火的后果会是灾难性的。这涉及核能设施，易燃或有毒液体或气体的油罐和储存罐，爆炸物或水坝（其破坏将导致洪水泛滥）。对于所选情况，现代建筑规范和设计手册对此都规定了更为严格的设计参数。

因此，结构体系的坚固性就成了处理意外事件的问题，而坚固性设计和分析则必须适应于特定情况。在缺乏意外事件信息比如暗伤的情况下，考虑到结构体系任何构件可能的弱点，将不得不遵循鸟枪法（shot gun approach），并且一般来说，都必须提供坚固性。

历史上留下了大量臭名昭著的例子，现代的技术至今都无法（或者社会愿意）想出办法设置足够的结构坚固性。这些情况现在仍然在导致灾难性事故，比如列车和飞机碰撞，船舶失事，或在脱轨、火灾、爆炸或撞击后有毒材料的溢出。

特别是在富饶国家，现正着手减缓灾难性地震的影响，但是这些影响在地球的某些地区仍然在充分发挥作用，在这些地区，要么是因为社会没有足够资源，要么是技术知识欠缺，以致无法采取补救行动和淘汰易受损建筑。

由于强风的作用（龙卷风，特别是台风和飓风），较轻的建筑物会发生巨大损失。当建筑物外围护结构由风造成缺口时，水（即雨）也会造成重大破坏。这常常是由于缺少紧固件造成的，这就更加凸显了坚固的外围护结构的必要性。

第 4 章 灾害情况

要求有坚固性的情况为：就强度、变形性、耐久性等方面而言，临界的物理条件超出了结构物所具备的抗力极限，或者是结构物的实际抗力低于预期，或者是上述两者的组合。

灾害情况的本质是：结构物的抗力已被克服，从而处于一种受损害、受破坏或被改变的状态。这类例子种类繁多，包括系统中的某些构件断裂、屈服、失稳、位移、横断面缩小等。大的变形常常伴随着这类情况，因此，在对已被改变的结构物进行分析时，必须对此予以考虑。

由于不同的情况类别要求的坚固性方法各不相同，所以对事件进行非常笼统的分类也许会有帮助。我们应把一类事件称为内部缺陷或简称缺陷，事件的起源在于结构体系范围内。第二类事件则归结为外部原因。事故的法医调查常常发现：与上述两类事件都有关的原因的组合作用导致了不幸事故的发生，即被削弱的结构所承受的荷载超过了设计荷载。可能的情况是：两个或多个事件之一也不足以导致事故，只有当它们累积时才导致事故发生。

4.1 内部缺陷及其他

结构特性比如强度、稳定性、刚度、耐久性等都是可变量。对于结构物的设计与分析，当把假定值替换为真实值时，真实值只有在结构物存在时（即使这样，可能也有困难，因为涉及复杂或间接试验过程）才能确定。因此在假定值和真实值之间存在着一个变差。该变差一直是众多研究的主题，并且，将给定值（或期望值）与试验值或实际值相比较时，存在着大量概率数据和取证数据。这些数据被用来确定安全系数（为考虑因素之一），并且一定数量的变化被看做是正常、惯常或合理的，换句话说，为了减小它，没有多少合理的事情可做。对于随机数据，变差大约呈高斯分布，但对于极端偏差，需要有一些特殊考量——通过试验、检验或质量管理程序等手段尽量消除这些极端偏差，同时识别出：即使概率论允许有大的变差存在，其合理性也较弱。

从哲学上来说，容易看出为什么会这样，原因有三：

第一：正常值或平均值得到的结构抗力的大的变差，现实中比理论（高斯分布，等）分布所允许的大的变差更多见。换句话说，"它们本该罕见却不那么罕见"。

第二：由人所实施或指导的某一过程的产品特性的变差，是参与者行为的产物，包涵有可能滋生在这些行为中的各种错误，其产生原因可归结为疏忽、缺乏沟通等等。这一点可由以下事实证明：在发现了性状的大的变差的地方时，通常可以找出已犯有人为错误的该对此负责的某个人。

第三：认为大变差不合理的原因是：变差越大，通常对于那些理解它并能采取纠正措施的观察者而言，就越可见和明显。研究已经表明：在（设计）信息创作中的严重（人为）错误起初非常频繁。然而，在这些错误起作用之前，绝大多数错误都将会被一种过滤程序消除。当原始数据以不同形式（计算成图、照图制造及安装工艺等）进行解读后，该过滤程序就开始发挥作用。在该过程中，信息由大量个人进行审查，他们将抓住在模式上出现的奇怪和奇异之处，或将应用有针对性的检查程序。然而，即使采用了过滤程序，人为错误仍然还是导致结构体系性状出现大的及致命变差的头号原因。总的来说，人为错误要对超出理论破坏频率（基于合理概率变差）多个量级的结构破坏的真正频率负责。因此，人为错误是产生缺陷情况的一个重大要素。

这就意味着：由于人为重大错误的性质，从一开始，其形式或量级可能都是不定的，所以过滤程序具有极大的重要性。它将消除绝大多数明显而严重的错误，留下某些量级较小的错误。迄今为止还未发现对于人为的严重错误的概率律，但与合理偏差相类似，较小的错误比起较大的错误要多出许多。然而，较小的错误可能会与其他事件组合，从而导致出现紧急情况。其后果只能由坚固性来补偿。

4.2 外部原因

在超出设计抗力及必须依赖坚固性的情况下，可能影响结构体系的外部事件清单会很冗长且种类繁多。

它包括：瓦斯爆炸或车辆碰撞，其概率和强度可根据过去的经验进行合理评估。它还包括极端自然灾害的影响，因为有数据存在，可以预测出概率和强度的关系——尽管仍然让人倍感惊讶，就像2004年12月发生在印度洋海域的海啸所证实的那样。它也包括恐怖分子的行动，这很难预测，因为最近的经验也表明了这一点。人为的情况是很难预测的，因为它们主要取决于未来的技术、经济以及大自然与人类行为的相互作用。

这类情况中最为常见的是：必须预料到的事件强度，其变化范围非常大。有时候，一个最大可信事件的某些参数可基于已知的物理限制做出估算，例如卡车的最大质量。但运行的卡车速度则相当难评估；此外，冲击能量将会与速度的平方成正比，使得事情更加不确定。这与地震导致的地面运动相类似，烈度呈一条非常陡的曲线分布，随着重现期（稀有）的增加，释放的能量会呈几个量级的变化。

在很多时候，外部事件的影响是以结构物将遭受的力或变形的术语来表示的。对于坚固性评估，非常重要的是：这两者中哪一个对结构物施加的影响占主导地位：

- 运行的卡车将施加一个力，一个冲击力和相撞时在结构物上的大量能量。
- 基础移动（可能会被认为是内部缺陷，如果结构体系包括了邻近基础的土体的话）将施加变形。
- 地震将施加动态位移，由结构放大或衰减，同时伴有内力产生。

如果对这种外部事件的资料掌握很充分的话，可以做出一个普通结构物设计单元，通过数学或物理模型，运用通常的方法进行分析。这样做的结果通常是：一个结构物会坚固到足以抵抗事件的影响而不损失其功能。

在某些情况下，这可能会导致成本过高，而对于事件的影响，无法确定其安全值上限，因此必须找出其他方法来确定结构的存续。现代的抗震结构设计就是这样一个例子，永久变形方面的一定量的破坏、破裂等被认为是可接受的，且与某些结构的功能是相匹配的。

对于外部荷载和事件的评估，采用的方式与结构性状评估相同，都是用数学或物理／试验模型。因此从逻辑上讲，设计及分析中所用的量要受人为错误的相同的影响所制约，正如在缺陷的情况中所讨论的那样，唯一的区别是：安全表达式的另外一边现在受到了影响。

$$
\underset{\text{（预测受错误影响的制约）}}{\text{抗力}} \quad > \quad \underset{\text{（预测受错误影响的制约）}}{\text{暴露影响}} \tag{4.1}
$$

这里介绍的情况至少是回避了事件在定量方面的描述。正如未知缺陷的情况那样，它将我们拉回到真正不可预测事件的领域，因为一般来说，人们必须寻求结构体系的结构坚固性，并运用拓扑结构、几何结构、材料性状、尺寸或辅助部件等对其进行设计，以便结构能经受得住任何或所有构件的损失或抗力减小。

4.3 后果

现在的任务必须转到考察结构的所有构件，其在结构体系中的作用，以及其破坏的类型及后果是怎样的，而不考虑未知情况（尽管可能伴随有未知情况）。开始时它很像生物的情况，必须准备好对付任何情形以便保护其自身存续。自远古以来，这一直都是所有结构物的现实生活情况，可看作是随时间发生的适者生存的一种进化，同时这有利于优良坚固型建筑物的存在，而其他类型则予以淘汰。

第5章 分级要领

5.1 破坏方式分级，瞄准质量控制

绝大多数结构物的破坏方式可能各不相同，每一破坏方式都是对事件经过描述及系统后果的回答；两个常见的例子可说明这点：

- 建筑物中支柱的压缩破坏通常是突然的，几乎没有事先预警，并且在绝大多数情况下，特别是在支柱支撑了多层楼板时，将会产生灾难性的后果。
- 梁的弯曲破坏最主要的常常只是钢筋的屈服，从而导致永久变形，以及荷载的重分布，除此之外就没什么了。梁通常只支承楼面的一部分，这样，梁破坏的范围也只局限在特定的部分。

所谓坚固性结构物，是指起初出现的破坏方式并不严重，常常导致事后与事件相关的力也有限（见6.7节：能力设计与保险丝）或导致出现补救行动。在设计和分析中，有可能对结构的破坏方式进行分级，这样，破坏较轻的情况就是在较低的荷载等级时产生的。这必须在无荷载和抗力系数的情况下完成，其真实值表示的是实际情况并建立在概率基础上。通常情况下，人们针对不同破坏方式的荷载强度，采用了足够高的比率；典型值是：相当于1.3左右的系数，从而确定：模型或材料性状（例如过量）等的不确定性不能扰乱实际结构中假定的分级。

举例来说，在地震工程中，这一点已导致出现了弱梁/强柱的概念，其中，柱的设计可以承受比梁更高的荷载强度，而梁则更容易和更有效地设计成具有韧性。

一个重要的结构分级推论与质量管理有关。通常，就时间、成本及后勤保障方面来说，可用来检测缺陷和故障的手段，都不足以对正在规划、制造及安装的结构物的每一构件实施彻底的控制和验证。那么问题就是：我们把手段有限的希望寄托在哪里，才能尽量化解墨菲法则[2]的后果呢？

从投资效用最大化的意义上来说，这是个最优化问题。大量的问题及后果都需要考虑，从而将有助于确定质量管理战略，但其中某些问题并不直接与坚固性有关，比如时间的安排、人员的选择、方法的核实、试验与检验、重复性等[10-13]。然而，从结构分级的角度考虑，其中之一还是有直接关系的，甚至有人会说它还是琐碎的：将注意力和方法集中在主要结构的构件上将是个好主意，特别是那些在主荷载路径上很突出的构件，和（或）对质量很敏感及需要谨慎实施的构件：主要连接件，比如焊接装配件、螺栓装配件、

---

2 爱德华·阿洛伊修斯·墨菲二世：1918-1990，"凡能出错，就会出错。"

锚固件以及其他固定在某一位置的构件，就拓扑结构或其性状而言，它们可能会引发渐进破坏。

5.2 一种可能的方法分类

尽管明确的风险分析并不是后来考虑的方法，而且风险又不可量化，各自的思考有助于对各种增大结构物坚固性可能的方法进行分类。风险 R 可用下列术语表述为 [6]：

$$R = \sum_{i=1}^{N_H} p(H_i) \sum_{j=1}^{N_D} \sum_{k=1}^{N_S} p(D_j \backslash H_i) p(S_k \backslash D_j) C(S_k) \tag{5.1}$$

式中，N_H 为灾害 H_i 的数量，N_D 为直接（局部）损失 D_j 的数量，N_S 为后续性状类别 S_k 的数量，$p(H_i)$ 为灾害 H_i（首项）的出现概率，$p(D_j \backslash H_i)$ 为因灾害 H_i（第二项）引发的直接损失 D_j 的出现概率，$p(S_k \backslash D_j)$ 为因直接损失 D_j（第三项）导致结构性状 S_k 的出现概率，$C(S_k)$ 为结构性状 S_k（第四项）的（货币化）结果。

尽量减少灾害出现概率的方法，即方程（5.1）的首项可总结为事件控制（EC）。

为将因灾害导致的局部损失的概率减至最小，即方程（5.1）的第二项通常称为单位荷载抗力法（SLR）。在出现局部破坏时，最大限度减小连续倒塌概率的一种可能性，即方程（5.1）的第三项为交替荷载路径法（AP）。这两种方法称为直接法或直接设计法。

间接法或间接设计法提供了强度、连续性及延性的最小等级，并减小了第二和第三项。最后，通过采取适当措施，减轻后果的做法就是尽最大可能减小第四项。

显然，接下来的第6章会遵守上述方法的次序。不符之处的原因如下：

- 第6章中提出的某些问题涵盖了多种方法。
- 其他问题的处理方式存在争议，即探讨了相互排斥的方式。
- 在该方法中未反应人为错误，尽管它们是需要坚固性的首要原因。
- 在应用方程（5.1）时，某些问题在主客观上可能还是未知的。换句话说，各种概率 p（……）和数量 N_H，N_D 和 N_S 在结构的寿命期内可能会发生重大变化。

规范性文件如规程，通常会忽略后一事实，原因是不能强迫人们去了解在某一时刻尚属未知却又不得不做决策之事；教科书在这方面较为自由。尽管如此，在第6.17节中，所涵盖的坚固性要素将被融进上述方法中。

第6章 坚固性要素

本菜单包括大量策略和考虑因素，有些并非相互排斥，但可能或必须加以组合或属于菜单中的多道菜：

- 强度
- 结构完整性和一致性
- 第二道防线
- 多荷载路径或冗余
- 延性与脆性破坏
- 渐进破坏与拉链刹
- 能力设计与保险丝
- 牺牲与防护装置
- 分离情况
- 刚度要领
- 应变硬化的益处
- 后压曲抗力
- 报警，主动干预及救援
- 试验
- 监测，质量控制，修正及预防
- 机械装置

上述各项可能适用于某些情况但不适用于其他情况。特别的是，事件类型和结构响应类型将决定选择策略：

- 事件荷载受控或变形受控吗？
- 是重复的吗？
- 就力、冲击、能量、变形、运动、持续时间方面有何物理限制？
- 事件发生后将会是什么情况？结构功能如何，有否进一步事件发生？

6.1 强度

提供超出理论上所需的最小强度值常常是强化坚固性的唯一适用和最经济的策略。无论在哪里使用脆性材料，或者是出现了不可避免的情况，例如抗压纤细构件，通常都通过提供额外的强度从而防止组件出现过载。建筑规范对此的做法是：把下部材料或构件强度折减系数分配给这些结构设计组件,有时则隐含在规范写作方法中。这些规则通常是用所想到的结构体系的常用类型书就的。如果是大型或新型结构物,则由设计者确定安全系数、构件及破坏模式的基本原理。

给结构体系的临界构件提供额外的强度是所有文化中都可以追溯到史前时期的一种做法,其基础象征着追寻坚固性以及具有历史意义的大教堂的巨大支柱,大教堂仅仅是这一原理的两个表达式而已。随着时间的推移,即便主支柱的体积并不能阻止令人不安的破坏迹象出现,但通过增加扶壁支撑,可以使其更加庞大,正如圣索菲亚大教堂(Hagia Sophia)的情况,正是其宏大的规模激发了修建伊斯坦布尔大清真寺。

在现代结构设计中,相对强度的分级以及给临界构件提供辅助抗力,这两者构成了能力设计和分析的基础。

6.2 结构完整性和一致性

结构完整性术语已相当自由地运用于规范和文献中,而人们对其在每一上下文中的含义所指几乎不太注意。然而存在一个情况(事件)分类,其中,结构完整性具有完全的物理意义。

许多结构物,特别是古老的工程,其修建方法仅仅是将各组件层层堆放,以使重力荷载通过支承接触而传递。水平力被忽略,或被假定为足够小,小到不克服界面上的静态抗力(即通过摩擦的粘着力)。这业已被证明是风险的主要来源,许多突发性倒塌都是由于组件离开其支撑所导致的,引发的原因则是由地震摇晃或长期运动所致。缺乏结构完整性是重要原因,从字面上讲,其结果也是由于缺乏坚固性造成的,因为如果结构物不缚在一起,就会让它们产生相对移动而出现分崩离析的风险。

经典设计和分析假定:每一结构物,如果不是用伸缩缝故意分开的话,都将作为一个单元,各部分的位移差异完全是由组件(小的)变形构成的。主要是在抗震情况下,该假定的有效性已成问题,而作为隔板的楼面板和屋顶结构的整体性状分析也认为:问题可能就出在这里,并且需要在规范中加以审视。具有软隔板组件的系统分析(特殊动态)被证明是非常困难的,其结果也值得怀疑;因此在模型和现实中,存在着一种尽可能将物体看作是严格一致的动机。这反过来又有必要给系统提供强度,以抵抗最后起作用的力,特别是在预制构件组件中的连接部分的力。

在不同情况下,结构完整性及一致性问题也可以解释为团结一致,此时,可以确定:单根构件自身不可能全被破坏,但大量组件共同起作用就能提供足够的抗力。这样的例子有:已经应用于修建铁路线的防撞支撑,一系列支柱的复合抗力提供了足够的抗力。

6.3 第二道防线

某些结构物以不同的方式来支撑负荷。此时,最常见的情况是先前所示的沿铁路线的护栏:如果由于垂直于轴线的荷载作用,某一受弯构件的抗力达到极限,则它将会通过一个涉及一定数量的塑性铰的运动机制而变形。在延性构件情况下，它们会通过材料的屈服而出现大变形，从而改变构件的几何形状。现在它采取的是受拉的吊床受力方式；已经发现了第二条荷载路径，就道路上的车辆碰撞而言，它提供了大得多的抗力。当然，出现事故后，景象令人讨厌，公共工程管理部门也须及时进行处理。然而，通过履行其主要职能，它已体现了坚固耐用的性能。

类似地，建筑物框架可以用这样的方式设计，即一个支柱的损失并不导致大面积倒塌，其楼面板会产生下垂并以吊床方式受力。但也不经常是这样，因为这也意味着会产生大量额外费用。通常，在支柱遭受到感知的危害处比如车辆撞击等，更经济的做法是给支柱提供额外强度。

如果采用第二道防线策略，在变形 / 受损条件下，必须进行审慎的结构物分析，尽可能接近预料的情况：

如果须将梁或板转换成吊床式荷载路径，其在荷载路径上通过所有连接处及构件的连续性与强度，都必须进行相应的确定。已知的大量实例是：如果连接处并未出现过早破坏，或者因为其他某些构件经受了过载作用，例如在框架中还留有支柱，则推定某一结构物已支撑住了倒塌。

6.4 多荷载路径或冗余

本主题与第二道防线类似，唯一的差别是：一开始就采用或调动了几条不同的荷载路径，而力则经由其分散。如果一条或多条路径失效，其余的路径可能会继续承受荷载，但必须满足大量的条件才能完成：

- 剩余的结构构件必须有足够的强度，在与破坏相关的事件发生后，共同承受相应情况的荷载。
- 在事件过程中，已经承受了过载的构件必须能变形且又不失去其抗力，这样，其他路径（构件）可以及时分担荷载。如果它们不能这么做，则会出现拉链式破坏！（见下文的探讨）
- 剩余荷载路径必须包括从破坏构件向替代荷载路径传递荷载的辅助结构构件。
- 系统的剩余部分必须替代破坏构件的所有结构功能，比如保持整体稳定性。

冗余结构一个突出的例子是木搁栅楼盖，在很多时候，上文列出的所有条件都能得到满足：

- 依据精确定义的不同，目前设计木搁栅的有效安全系数为 2 ~ 3 左右。因此，位于一个断裂木搁栅两侧的两个木搁栅能分担其荷载。如果多个相邻的木搁栅已失去其抗力，则情况将会更糟糕（木材本质上是脆性材料，过载时其抗力不可逆地消失）。然而，在这发生之前，木搁栅会经受大的非线性变形。
- 垂直于木搁栅的地板通常会把荷载从断裂木搁栅传递给相邻木搁栅，其典型间隔为 300 ~ 600mm。

- 因此，有冗余坚固性的所有条件此时均得到满足，木搁栅楼盖实际上是非常坚固的结构类型，这已由今天还大量存在的事实所见证（仅在北美，就发现有多达 $10^{10}\mathrm{m}^2$ 的木搁栅楼盖）。

当打算用冗余来形成坚固性时，头脑中必须始终记住的一条极端重要的警告是：

涉及脆性情况或有限变形性的多荷载路径可能会导致过早的拉链式破坏。此点的重要性值得做些说明：

在涉及重型垂吊式顶棚的大量灾难性事故中，发现了拉链式渐进破坏的例子。其中一个声名狼藉的例子牵涉到了不锈钢棒的腐蚀（瑞士乌斯特市 [16]）。一个重型的水泥顶棚垂吊在游泳池上方，同时有许多所谓的（就像我们现在所知道的）不锈钢棒。由于腐蚀，这些不锈钢棒已遭损坏，并随时间而脆化，再加上顶棚上空游泳池内的空气湿度及氯的作用，因而侵蚀到了不锈钢棒的断面内。不仅几乎看不见腐蚀（事故发生前不久刚检查完吊杆），而且仅限于局部位置，这样，已破坏的不锈钢棒不再产生任何可感知的伸展——这是脆性构件的实例。该事件包含有大量平行构件（即荷载路径）渐进破坏的所有特征。它始于一根不锈钢棒破裂，从而产生一个新的荷载状况，进而使另外一根不锈钢棒过载，然后破裂，然后循环往复……。倒塌发生得如此之快，以至于许多游泳者都来不及逃生，就被掉落的沉重碎片压死。因构件的脆性，一个高度冗余的结构物就这样遭到了渐进破坏。类似的事故屡见报道。

如果不锈钢棒是延性的，其中一根的破裂则很可能不会导致真出事故，因为荷载的重分布及安全裕度可能会足以阻止坍塌。

也可考虑流行的空间框架或者更好的空间桁架。通常是用直接将荷载传递到支柱（图6.1）上的大量斜构件，支撑于一系列点上，因此就有了冗余存在——高超静定结构提供了像连接到支柱上的斜构件那样的许多不同的荷载路径。

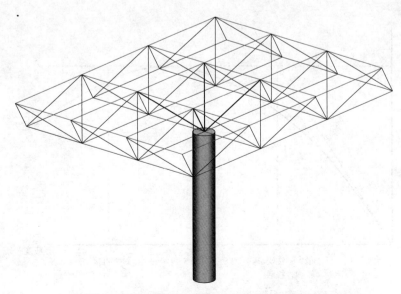

图 6.1 空间桁架的典型结构（主体斜构件用粗线表示）

空间桁架通常由纤细构件（管，杆）所组成，连接节头采用螺栓或焊接。抗压构件将呈脆性性状（通过压曲，过载后抗力损失），而抗拉构件自身并不呈脆性，如果它不是用作连接节头的话，就能增塑。由于螺栓孔、焊接节头、螺线切入断面造成的破坏，或由于连接件比构件的抗力更低，这样，它们通常都比构件自身的抗力更低。凡此种种，在构件达到屈服强度前，连接件将会破裂。这再次构成了脆性性状，而由几条荷载路径所提供的冗余为负值（还请参见第 9.10 节：空间桁架和第 10.6 节：输电线路）。

6.5 延性与脆性破坏

正如我们已看到的那样，延性对于坚固性的冗余、第二道防线以及类似方法的有利影响是必需的。针对实际考虑，对其精确定义现已达成一致，尽管在某些情况下，还必须采用任意假定。总的来说，延性为下列比值

$$延性 = 最大变形 / 最大弹性变形 \qquad (6.1)$$

式中，术语"最大弹性"有时可能是有争议的，特别是在材料有劲度渐进衰变的情况时是这样，劲度可被定义为

$$劲度 = 荷载增量 / 变形增量 \qquad (6.2)$$

这种例子很多，而人们通常可以通过在描述材料特性、构件或系统性状［其中之一表示在变形低振幅时的性状，另一个则表示在恒定负载时（见图 6.2）最大抗力的反射界面］的图中两条直线的交点来确定弹性极限的虚点。

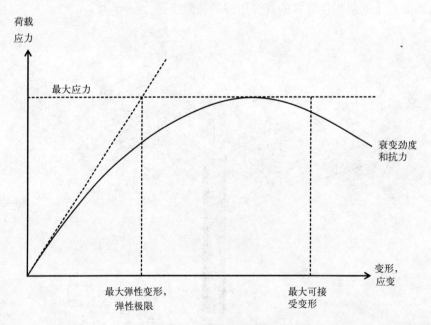

图 6.2   延性构件的典型性状

最大可接受变形同样也是可变的，其定义/描述将依照各自的具体情况而定。包含所有或几乎所有情况的最大公分母也许可由下列语言表达：系统能承受的最大变形维持了一个有益抗力；而"有益"则根据每种情况下对坚固性的一般规定来确定。这在逻辑上导致了一种隐性关系，即坚固性设计可以量化，因而得到了一种迭代方法，通过试错法得以求解，见图6.3中的线图形式。

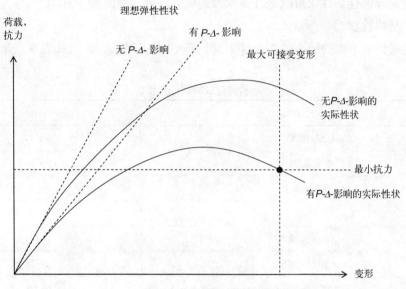

图6.3 具有足够延性的设计

绝大多数结构体系都有如上图曲线所表示的特征，其中，抗力在达到最大值后将会逐渐减小，这是由二阶效应、累积损伤、抗力临界横断面减小等所造成的。

某些金属或合金是例外，比如低碳钢，它表现出超过屈服应力（此时取最大抗力，见图6.4）的应变硬化，从而可以为坚固性所用（见6.11节：应变硬化的益处）。

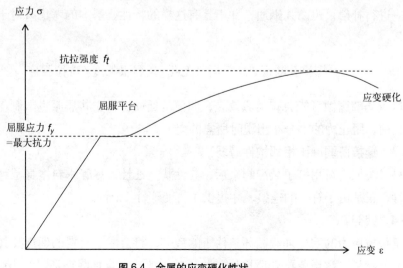

图6.4 金属的应变硬化性状

类似的例外情况有钢加筋弹性体支撑，它以应变硬化的方式起作用，直至在弹性体／加筋界面之间的连接失效，或金属加筋破裂。当此种情况出现后，支撑不再像起初预想的那样起作用，而将允许上述结构物的一部分落在其支座上，从而可能会（或许不会）形成损失或破坏。大家知道：出现弹性体支撑破坏也不导致任何进一步的事故，这就是说，整个系统的坚固性未受影响。

脆性（即非延性）性状可以是许多原因造成的结果，原因如下。

6.5.1 材料性状

不同的材料有不同的脆度（或反过来说，有不同的延性），大致如表 6.1 所示的次序。

普通建筑材料的延性值范围表6.1

建筑材料	延性
低碳钢，低铝合金	大于10
高强钢，金属	5~20
钢筋混凝土	1~10
3号木	1~3
石，砖，陶瓦	1~2
无筋低强混凝土	1~2
无筋高强混凝土	1~1.5
玻璃，陶瓷，石头，多数纺织品	大约1

6.5.2 局部削弱（孔隙、缺口、腐蚀破坏等）

在螺栓或铆接钢组件中，人们经常发现：尽管所有的材料都是有延性的，但由于螺栓孔的削弱，系统还是会突然发生破坏。已经发现：该效应有时候可以由优良（低碳）钢的应变-硬化效应进行补偿，但高强钢通常并不具有这样的特性。基本的考虑（对于直接单轴抗拉构件）是：

$$螺栓孔断面／总断面（无孔）＞屈服强度／抗拉强度 \qquad (6.3)$$

缺口或局部腐蚀可能会有类似效应，即便是延性材料，其屈服也限制在较小区域，并在破裂之前，阻止力的重分布出现时所需的变形。

6.5.3 连接薄弱（比相邻构件薄弱）

木料或类似材料用钉子装配起来后，其性状呈延性，尽管木料本身是种相对脆性的材料。此时，正是由于钉子的连接，才提供了可变形性／延性。

6.5.4 疲劳

涉及抗拉应力的重复加载循环条件下的疲劳，将会减小材料的延性及其强度，即便该材料是最佳材料。该现象已众所周知，并且对于涉及大量加载循环（＞10^3 左右）的所有情况都必须加以说明。通常，对于一次峰值荷载（碰撞冲击、爆炸、地震等）的情况并不重要，除非加载履历包括了产生疲劳损伤的应力变化。

6.5.5 因纤细引起失稳

纤细抗压构件依据纤细度的不同，通常以脆性方式发生破坏。当压曲仅为局部性质时，可以发现该规则的例外情况，这样，并未参与压曲的构件的一部分仍然具有足够的坚固性抗力（见第 6.12 节：后压曲抗力）。

6.6 渐进破坏与拉链刹

多数结构体系都属于一个类别，其特征是容易归类于渐进破坏的特殊类型，渐进破坏被俗称为拉链效应或多米诺效应。某些最惊人的结构破坏就属于这一类，例如第二次世界大战中著名的自由轮，或更近一些的加拿大蒙特利尔地区长达 100km 的整条电力线路的垮塌，在该地区，大部分电力都由支撑着主输电线（750kV）的数百个网格塔承担，网格塔受电力线上结冰的重压而呈多米诺方式倒塌（见 10.6 节：输电线路）。织物屋顶大的撕裂属于同样的类别，屋顶所用的绝大多数织物都属于脆性类型（玻璃，芳香族聚酰胺纤维），例如蒙特利尔奥林匹克体育场的屋顶两次倒塌，一次是由于风力作用，另一次是由于积雪和积水（见 9.13 节：织物结构）的原因造成。在许多情况下，使用具有脆性响应特征的材料和构件是唯一选择，正如上文所提到的后两个例子。在无法到达的地方架设的水力发电塔架必须轻便、容易组装且又很高，因此它们是由纤细构件组成的，几乎没有什么残余的后压曲抗力。对于织物起主要或次要结构构件作用的抗拉屋顶织物，必须坚固且有刚性，并能抵抗蠕变变形。迄今为止，还没有发明出一种织物，它在所有这些特性方面都达到了足够的程度，具有足够的延性及足够便宜。

解决易出现拉链式渐进破坏问题的答案就在坚固性设计的基本目标中：限制破坏的程度。其俗称就是拉链刹，在那里的一组或一个序列的脆性材料中，形成了具有周期性的优点以阻止破坏扩大。如果拆开长焊缝，发现可能会安排有十字交叉焊缝、加筋件、缝隙或螺栓过渡。对于输电线路，每隔 5 或 10 座塔架左右可能会有一个更坚固或更具延性的塔架，依据所考虑情况的精确特征的不同，在强度和延性之间可能需要进行一定的权衡取舍。

对于织物屋顶，可以使用两层的结构层次，具有横向牢固的条带或加强缆绳网眼，可能还有各向异性的特性，和更轻的、各向同性的内填网眼。组合就位的方式可能是缝制 / 胶结 / 焊接在一起。

6.7 能力设计与保险丝

结构应用中的保险丝不同于著名的电气保险丝，因为电气保险丝在过载时将完全中断电流的传输。结构保险丝是保持某一等级的荷载传递（通常通过延性）的一个要素，从而限制通过荷载路径被传递的力，而保险丝是荷载路径的一个要素。这在所有变形受控的情况比如强制位移下是非常有用的（例如通过基础移动或强地震的影响）。

当然，每条保险丝的可变形性都是有限的，而坚固性则要求不要超出这种限制。在绝大多数情况下，在所关心的整个变形范围，抗力和刚度等级都未精确维持在相同水平，而是出现了某种程度的变化，要么是在钢的应变硬化方面向上变化，要么向下变化，例如由钢筋混凝土构件所表现出来，特别是暴露于循环荷载逆转时更是这样。在当代教科书中，当人们谈到维持延性时，是指抗力的降低不超过 20% 左右。

保险丝防护还要求：在保险丝已经变形的情况下，整个系统始终保持其抗力——在某些情况下，在保险丝的可变形性达到极限前，由于过量变形（例如，影响稳定性的二阶效应），结构体系会出现破坏。

通常，超出弹性极限的变形就是永久性的，至少部分是永久性的。在强地震的情况下，变形具有随机性质，作为动态响应的结果，其幅度可仅通过概率统计的方法确定。因此可能有必要特意去限制这些变形，以便结构物不至受损，因为结构物受损后并不是以合理的费用就能补偿回来的（见第 6.10 节："刚度要领"有这方面的讨论）。

非线性变形（即超出了弹性极限的那些变形）通常都与大量的能量耗散有关，从而以热的形式流失。能量耗散可以通过迟滞图进行生动地表现，或者将其速率量化成阻尼。当变形可逆或呈周期状时，就如地震情况那样，人们必须对呈非线性变形部件的材料性状做出某些改变，因为与初始（第一次循环）最大值相比，这些变形常常会导致抗力和刚度降低。在某些情况下，比如少见的严重地震（此时将通过极少有的非线性循环用掉保险丝），这可能并不是严重的担忧，但随着导致脆性性状出现的荷载可逆或循环数量的增加（见第 6.5.4 节："疲劳"的讨论），情况会变得日益严重。因此，必须将保险丝策略限制在这些事件上，这些事件少有的变化范围都纳入到了非线性范围。

在保险丝受控系统中，力肯定会受到限制但变形则不会。因此，当保险丝的变形超出了弹性极限（或最大抗力）时，对这种性状的分析必须包括结构体系的其余部分。其他某些构件的变形也会依次超出其最大抗力，且在设计时必须考虑有充足的可变形性。此外，累积"棘轮"效应意义上的渐进变形可能是超出弹性极限的循环荷载的结果。

6.8　牺牲与防护装置

在某些情况下，要在结构构件上提供足够的坚固性可能是不经济的或不可能的，或者其类型和性状可能不适合这样的策略。那么，一种有益的做法就是考虑采用阻止造成危险状况的冲击或力的装置，例如修建暴露于潜在的车辆撞击的支柱。不用将结构支柱建得足够坚固来抵抗失控车辆或铁路脱轨机车的冲击，更经济有效的办法是在冲击源和防护结构之间修建体积足够大的单独结构物。在某些极端和相当罕见的情况下，防护装置的破坏和毁灭也许是可以接受的，但是不能允许机车翻滚过去。对于这些装置的设计，根据手头资料的类型，人们可能会运用能量或动量守恒定律。

该策略特别适合于不能明确确定加载条件的情况。架设于水中且水深足以容纳大型船舶或冰山通过的结构就是这种情况。这些物体体积庞大，修建这些结构既困难又费钱，但其主要目的（例如作为石油平台，桥梁）是为了抵抗冲击。防护结构比如人工岛可能会提供一个答案。它们将要么抵抗、要么使冲击的船舶或冰山转向，从而离开易受损的结构物本身，而现在可将结构物设计成只抗风、波浪和地震力作用 [1]。

对于车辆冲击的情况，人们常常可以对某些参数做出合理的假定（质量、速度、车辆破碎区的长度等）。结构的设计通常是基于作用力，而作用力作为冲击持续时间中的一个平均值，能以非常简单的方式获得，因为它既可由动量又可由动能来进行量化 ［方程（6.4）和 （6.5）］。

$$力 = \frac{动量}{冲击持续时间} = \frac{动能}{破碎区的长度} \tag{6.4}$$

或

$$F = \frac{mv}{t} = \frac{mv^2}{2l} \tag{6.5}$$

式中，m 和 v 分别表示车辆的质量和速度，l 或者为车辆或者牺牲结构物自身或者这两者组合后的破碎区的长度，结果就求出了冲击的持续时间 t。

$$t = 2l / v \tag{6.6}$$

这假定了一个恒定的减速速率。试验已经证明:严格来讲,这与实际不符,实际情况是：对于充分的可变形结构物,抗力（反力）总是与作用力相当,而平均值的使用会得出合理的安全设计。

6.9 分离情况

发现有一些情况，即要提供足够的强度或延性是不切实际或不可能的，这时候就必须考虑结构构件被偶然拆除的可能性。为了提供坚固性，可以选择第二道防线策略，或者设计出可以分离的特殊构件而又不导致严重后果。

绝大多数这类情况的例子都与碰撞或爆炸冲击有关：在车辆撞击影响范围内的建筑物支柱，或包含有存储着潜在爆炸性物质 [3] 的构件，在那里，在某些情况下，特意提供了在墙内或屋顶上的分离方格，主要是想通过释放压力，像保险丝那样来保护结构体系的其余部分。

在这类背景下，必须记住某些要领，尽管它们可能显得微不足道，但对于确立坚固性

---

[3] 该例子在参考文献 [15] 中有更详细的探讨。

仍然是至关重要的：

- 分离构件必须真正分离，即它不得倚靠在结构物的其他部分，离开其位置时不得有拖曳。例如，这一点可以通过特意提供荷载路径上的脆性构件来实现，脆性构件确实会在所有其他构件都能安全承受住的某一力的水平上断裂。
- 分离构件不得变成抛射体而威胁附近的其他系统。例如，这一点可以通过提供一个活接头（真的或塑料的）来实现，从而使得分离构件可以打开而不飞走。
- 结构的剩余部分必须留在原位，其状态应与其功能 / 存续 / 坚固性相兼容。
- 在出现碰撞时，很容易看出：一个孤立的支柱比有一些长度的墙体更易受损。对于爆炸，相反的才是对的——因此，针对爆炸的分离方格，必须给爆炸压力提供一个充足的表面进行快速缓解和退让，同时，让包络面（屋顶，楼面，墙体）的其余部分承受的压力水平足够低。

6.10 刚度要领

在许多情况下，变形必须受到限制，因为它们自身可能会危害到坚固性，由于失稳（例如像 p -Δ- 效应的二阶效应）坍塌而成为结构物受损的原因，或因为变形的结构物不再能满足其目的，重建又太贵，因而必须得拆掉。

从传统上来说，变形与刚度成反比。变形受控的情况则属例外，比如地震效应，因为结构物的动态响应主要与大地运动的幅度有关。尽管如此，如果在风荷载作用下 [即在坚固性主表达式意义下的残余荷载，见方程（3.1）] 仅仅只展现出可接受的性能，则还必须提供最小的刚度。

在与坚固性标准相关的力的水平上的刚度是一个可变的量，它通常随荷载增加和加载周期而退化。当在一个具有不同刚度特性的系统中有几条平行荷载路径存在时，这就特别有意义。

对此的一个著名的例子是拟用于抵抗最近相当时髦的地震效应的混合抗剪墙 / 框架结构，以至于建筑规范还用专门章节来阐述其设计。

该概念是要形成两道防线，第一道是呈有限延性的刚性（特别是在抗剪方面）抗剪墙的形式，第二道是具有增强延性但整体抗剪刚度较小的抗弯构架。采用弹性分析，人们可以发现两构件的一个有趣的相互作用，在结构物的上部有一个甚至可以用代数方法证明的反向抗剪力。

这些系统的问题在整体抗剪刚度上存在着大的差异：

$$抗剪墙的抗剪刚度 \gg 框架的抗剪刚度 \tag{6.7}$$

看一下实例——在 20 世纪 60 ~ 80 年代依照该原理完成的许多高层建筑设计——人们发现：一系列不利事件常常出现在高荷载情况下，抗剪墙承受了绝大部分荷载直至达到其承载能力，其抗力会很快失去。这样框架必须依靠自身受力。尽管设计通常必须提供的强度为所计算的基础抗剪强度的 25%，但它具有的刚度比例常常很小，也太易弯曲以致不能有效支撑该荷载，所以结构物会出现过量变形，由于 p-Δ-效应（图 6.5），会出现破坏的风险。

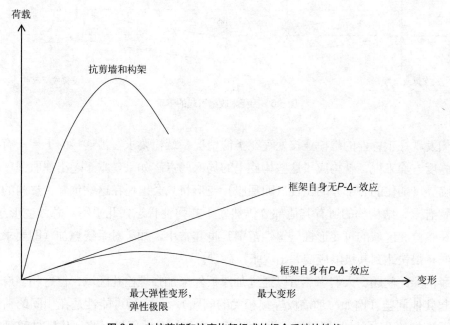

图 6.5 由抗剪墙和抗弯构架组成的组合系统的性状

该问题被排除在许多设计之外了，因为建筑规范并未对其进行说明。这个概念现在已经被淘汰了。

人们当然可以设计出能提供足够刚度的框架（可比得上墙的刚度），但是人们通常发现：达到此刚度的梁和柱所需的尺寸太过庞大，以至于与建筑和经济考虑因素不相匹配。

在最近的多次地震中，人们发现：沿其高度的具有可变刚度的建筑物表现不佳。这是因为在位移受控的情况下，绝大多数要容纳强制位移而必须出现的变形将集中在结构物最易弯曲的部分。它们可能导致了在这些位置的局部破坏，因为从大量的建筑物照片上就可以看出来，建筑物的基础层已经丧失了，基础层变成了软弱层，从而承受不了给它所施加的大变形。

在最小刚度区累积的强制变形的事实可以在各种不同的情况下观察到。例如：

连续混凝土楼面板必须容纳收缩效应（尽管都声称已经发明了无收缩混凝土，其实仍悬而未决）。如果在其刚度减小的位置在两个或多个点进行控制的话，它们就可能会收缩，例如：由于其他原因，可能形成开口或裂痕。穿过裂缝的抗拉刚度减小为钢筋本身的抗拉刚度，并将受到来自受限收缩的拉力所拉伸；这会导致裂缝变宽，而楼面板必须下垂以便在抗压区重建联系，以重建正弯矩均衡（图 6.6）。

人们可以把这归咎为缺乏坚固性所致，因为这类下垂可能非常大，使得楼面的功能出现问题。

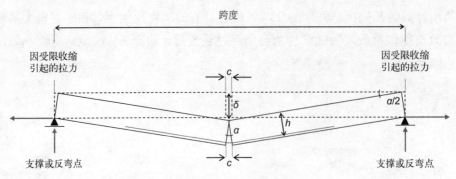

图6.6 因受限收缩引起的下垂

人们发现在钢构件的螺栓连接处存在类似情况。螺栓要求在被连接的工件上有孔，从刚度和强度方面来说，就构成了这些构件上的局部弱点。如果暴露于超出屈服强度的抗拉应变，临界（弱化的）部分的塑性（即屈服）变形将只会出现在这些位置，参与的材料长度会非常有限，结构物的所有其他部分仍然处于其弹性状态，几乎不对总体变形起作用。因此，在螺栓孔区域的可变形性（塑性范围）也非常小，如果对系统施加（即要求）大的变形，它将很快达到其极限应变并出现张拉破裂。

为了消除此问题，人们当然可以通过加厚板件来加强螺栓孔区域，但这相当麻烦，并可能引起其他问题（例如与加筋板焊接相关的问题）。另一种可能性是在相同的荷载路径附近但远离螺栓孔（见图6.7）处，人工削弱（窄化）另一区域，将塑化区转移到材料长度可以充分利用从而参与屈服的位置（另见第6.5.2，6.5.3和6.7节）。

图6.7 远离削弱部分的塑化转移

对于具有足够应变硬化的金属，人们发现不用采取这类措施就可解决问题（见第6.11节：应变硬化的益处）。

另外一个处理该问题值得一提的方法是：从最大应力处消除临界（延性较小）区。这样做通常并不困难，并且很明显的是，比如在梁暴露于不同剪切和弯曲的情况下，可以预料到塑性铰可能会形成的位置，这样在放置螺栓连接位置时，就可远离此处。

6.11 应变硬化的益处

材料和构件之所以存在，是因为展现出了刚度随变形（应变）增大而增大的特性。比如钢，这种特性就称为应变硬化。从传统上来说，最著名的就是所谓的低碳钢，即有较低或适度的屈服强度的钢（见图6.4）。

现代高强钢如今都具有非常宝贵的类似特性。然而，绝大多数所出售的更高（屈服）强度的钢都是从机械／热处理中获得其屈服强度的，由于材料都已被纳入了应变硬化的范畴，因而具有明显不同的性状（见图6.8）。

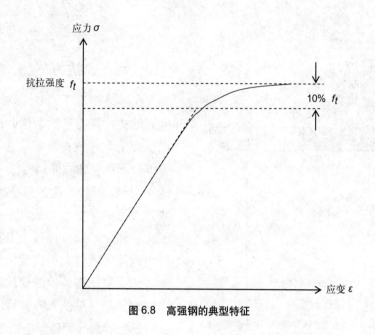

图 6.8 高强钢的典型特征

如果可变形性很关键，则使用这类钢须非常注意。考虑一下螺栓孔的情况：对于具有显著应变硬化的钢以及其抗拉强度大幅超过屈服强度的情况，人们已经发现：螺栓孔的削弱可能变得不那么（或不）关键，因为：

$$（在螺栓孔断面处的抗拉强度）>（其他地方的屈服强度） \qquad (6.8)$$

换句话说，在弱化区的破裂出现之前，在结构物的别的地方将会出现屈服。对于沿荷载路径的直接（和恒定）受拉的构件，如果要避免以低变形速率出现的破裂，则必须满足下列条件。方程（6.8）可改写为：

$$（屈服强度）×（全断面）<（抗拉强度）×（减小的断面） \qquad (6.9)$$

通常螺栓孔减小断面约20%左右。如果是这种情况，材料的抗拉强度则必须以相同的量超出其屈服强度。

$$\frac{抗拉强度}{屈服强度} > 1.2 \qquad (6.10)$$

对于许多现代高强钢，不能保证抗拉强度只超出屈服强度 10% ~ 15%，或甚至更低。

应变硬化性状迟早有用的另一种情况是先前提到过的弹性支承。其抗力（刚度）随荷载增加，其极限实际上与钢板的抗拉强度有关。

　　一般而言，应变硬化的益处非常明显：由于有储备强度存在，在变形过大或出现破裂之前，都可以运用储备强度。这在链式（即等压的）系统或部分系统中特别有意思：在破裂即将来临之前，将会发生大的变形，所提供的可见证据是存在过载问题，换句话说，这是报警。

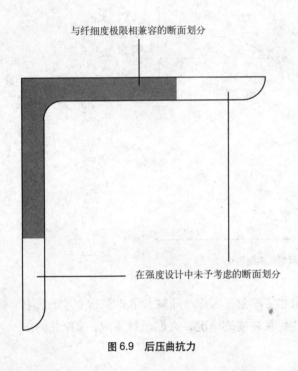

与纤细度极限相兼容的断面划分

在强度设计中未予考虑的断面划分

图 6.9　后压曲抗力

6.12　后压曲抗力

　　在某些情况下，在一些地方提供相对薄壁的构件是有利的，这些地方将会暴露在压力下，导致在极限状态[4]以下的荷载等级即出现局部或部分失稳（圆柱壳结构，桅杆，机身，等）。这在之前就已认识到了，并且大量的研究已经表明：只要残余（后压曲）强度足以支撑（极限状态）荷载的作用，就可能会允许出现部分压曲。在一个薄壁金属比例构件的简化法中，针对结构抗力计算（见图 6.9），可以取消允许压曲的部分断面（即回避应力）。

　　这里需要注意的是：压曲与重要的局部变形有关，从而可能由于疲劳或周期屈服而导致反复加载情况下破裂的出现。

　　后压曲储备的利用可被正式看做第二道防线的一个例子，然而，这似乎没有什么实际意义，至少对于上述提到的简单例子没什么实际意义。

　　提一下另一个情况，严格来说，是后压曲抗力的情况。众所周知，在拉条中纤细构件的布置方式是：当荷载超过其抗力时，至少构件之一处于受拉状态，而其余的则处于受压状态。由于太过纤细，这也是这类支撑的典型之处——通常为平板、小角、杆状甚至是采用拉索——压曲荷载非常低，在计算中，通常没有考虑抗压力。

　　在某些情况下，这些系统的坚固性是有问题的，尽管在通常情况下它们具有拉条的延性性质。其原因是：出现结构体系刚度的明显衰退时，已经在结构物上出现了超出两个方向的弹性极限的变形。现在将会有一个位移范围，其中没有支撑作用，因为：由于太过纤细，压曲抗力小到忽略不计，只有当先前产生的塑性变形再次相等之后才会出现抗拉力。这种状况可用图 6.10 中所示的磁滞曲线图来说明。

4　极限状态的定义随情况及国家的不同而各不相同。此处用于纯定性意义的情况，指定针对抗力的用于强度设计荷载值以及极限状态（由实际或规定值减小）值。

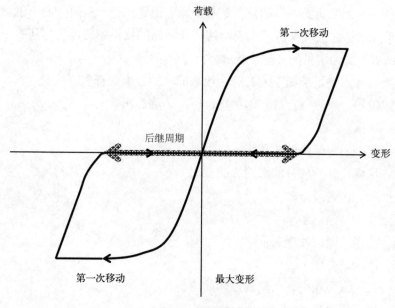

荷载

第一次移动

后继周期

变形

第一次移动　　　　　　最大变形

图 6.10　拉条的性状

　　非常不能接受的是：允许结构物在两极限之间摇晃失控，且每次在达到极限时结构物都会受到一次冲击。在绝大多数情况下，这是与坚固性不相容的，而拉条的设计不得超过弹性极限。

6.13　报警、主动干预及救援

　　疏散和紧急措施比如辅助支撑、减少荷载等，一直以来被用作规避危险和风险的方法。所有这些都需要花时间才能见效，这个时间处于可察觉危险迹象的显现直至疏散完成之间，或直至辅助系统投入运行时为止。

　　该考虑并不局限于生命和肢体的危险和风险，也适用于具有相同逻辑的其他病害情况，它们可能与结构物受损却又无法修复的情况有关，此时，这种本可以避免的状况为及时施救提供了条件。在这种状况下，保存结构物及其功能不受损（这通常是坚固性的本质问题）就成了及时有效人为干预的问题，而坚固性则变成了正要颁布的法律规定问题。

　　颁布紧急措施反过来依赖于迫在眉睫的危险意识，以及将这些措施实施到位可资利用的时间和方法。

　　在许多情况下，都会发现：可以通过设计拿出充足的措施。如果没有这样做，就会出现严重的坚固性问题！从结构体系的警告标志和性状到功能损失或破裂，以及对这些情况的正确判读，都属于这里所述的坚固性要素，要反省它们发挥作用的方式，并找出在何地及因何种原因它们可能会不发挥作用的情况。

　　警告标志是物理现象，它们对于预示或伴随结构物的初始病害非常重要。绝大多数警告标志都具有可见性质，有时候用肉眼无法觉察，只能通过仪器量测。有些警告标志是任何人都能觉察到的，但其他一些则只有专家才能意识到。有一些可能看不见，或者通过代理效应比如干扰门等才会现身。可以表示结构性问题的枚举不可能穷尽所有情况，因此下列清单仅仅涵盖了最为常见的一些症状：

- 结构物自身或建筑装饰上的裂缝，相邻部分的分离，劈裂，撕裂
- 变形或位移，不成一直线，不垂直，压曲，墙凸出
- 胀裂，剥落
- 腐蚀，腐朽，化学降解，霉味
- 堵塞，构成设计一部分的涨缩的缺乏
- 过量振动，声音频率改变
- 噪声
- 紧固件松弛，紧固件遗失
- 泄漏，渗水，变色
- 表面侵蚀，张力损失，绞股线或索的弯折
- 磨损，断面损失等

各种情况都有其典型的标志，从而与其特定的特征有关：材料，结构体系的组织，开敞程度，环境，历史，对质量和维护的关注。其中一些尽管对外行人印象深刻，但可能是无害的。另外一些看上去可能是无害的，但却是病害即将来临的征兆。

如果人为干预成为系统坚固性的一个要素，则必须适合于各种情况。在某些情况下，结构物表现的征兆，甚至专家判读起来都可能不确定。通常对这个问题的回答是："该做什么？"来建立一个监测协议，从而观测可能的病害迹象发展或消失。因为担心干预过早或被误导，人们想要避免的情况是"治疗结果比疾病本身更糟糕"。在其他情况下，必须立即采取行动，例如在冬天可能会遭受即将来临的暴雪积压，结构物表现出严重退化迹象的情况。在该特例中，可能有两种选择，每一种各有其缺点：结构物的加固或支撑，其结果可能既昂贵又碍事；或者铲雪——动员工人可能既困难又不确定。

在任何情况下，不论人为干预是否为坚固性的一个要素，都必须考虑到人为的缺点：疏忽，缺乏沟通，擅离职守——很难组织全天候观测——不称职，设备和仪器故障等。

这些都是非常严重的问题，特别是在时间紧迫的情况下更是如此。只有采取快速和精心引导的行动，方能使事态免于失控。

对于某些典型的紧急情况或事故，人为干预是由制度规定的，正如消防、停电和飓风的情况一样，原因是：这些情况复发频率高，作为备用基础上的预防或纠正措施的组织实施，给出了需要大量投资的典型说明。结构体系的破坏——有人会说，很幸运——并不经常属于这一类，并且因为其多样性，它们并未使自己成为永久性的应急响应生物。因此很难设想出合适的干预方法，来处理结构病害的短期应急情况或即将来临的破坏，原因是时间总是太短，而其他策略可能会更为合适。在某个问题需要花更长时间来解决（几周、几月、几年）的情况下，这当然就有所不同了，因为此时有足够的时间来感知、观察、确认、判读和准备适当的措施，来处理这种发展中的情况。因此，情况的说明必须包括

时间要素。

　　人为干预还能被导向于揭示结构体系所受到的荷载或其他环境的影响。此种例子可能会是除雪或雪的主动融化，或严格意义上来说，安装辅助防护装置（见第 6.8 节）。属于该类别的其他特征就是荷载极限的说明、通过标志或障碍来限制接近车辆的体积或重量；考虑到将来的实际情况，其有效性必须随时予以评估；例如限制楼面荷载的标志不得被涂掉、消除或忽略。

　　其他例子包括支撑或加固有病害的结构物（例如破坏性地震发生后）。

6.14　试验

　　存在着许多种通过数学或物理模型表示结构物是不确定的情况，人们会想运用这类模型确认超出计算的结构性状。

　　可以认为：结构物的情况变得越是极端或创新，则分析得到的结果的不确定性就越大，即在现实和计算机表示的结果之间的预期和造成的差距可能就会越大。从传统上来说，已经要求在这类情况下对有代表性的样本或结构物本身进行物理试验，从而来帮助缩小差距。

　　这有一个基本问题：为了了解在极限状态下结构性状的某些有用的东西，须得由试验来模拟发生的情况，即本质上是一个破坏性试验。对于工业化批量生产，常规做法就是采用原型及随机取样。对于许多结构体系，针对试验目的的原型绝对做不到，每一结构基本上都是一种类别，并且单一投资巨大，不论是其部分还是全部破坏都负担不起。

　　由于这些实际原因，因而坚固性的结构试验只局限于重复构件的试样而不是整个系统，或只局限于无损检测法，这两种方法都未直接说出我们希望知道的内容。

　　作为这种情况的一个典型例子，对来自大型结构体系的单一构件的实验室表示法进行了封闭试验，并且其所承受的变形速率在现实中绝不可能看到，因为这些变形需要花很久的时间，才会出现因二阶效应等原因造成的结构物垮塌。

　　具有代表意义的是，人们发现：延性及刚度保护并不完美，而且对人们已经掌握的经典双线性图并未作出响应。特别是对于钢筋混凝土，事实上不可能取得完美的延性，必须采用该特性的一个更宽松的定义从而避免过于复杂的加筋，这是因为：加筋难以放置，因而也难以控制。

　　在绝大多数施工处于高度竞争及使用廉价材料的环境下，依赖复杂的施工方法绝对不是个好主意。

6.15　监测、质量控制、修正及预防

　　在第 6.13 节中，探讨了人为干预的问题。人为干预也可以是预防性的，依相同的逻辑，也可以解释为坚固性要素。

以下列形式，瑕疵即检验、验证、质量控制或质量保证、无损检测或代理试验等，将会直接导向于消除瑕疵、缺陷、不足，所有这些都常常是参与创建结构体系的人自身的缺点造成的结果。发现一个有毛病的、错误的或可疑的反常事物，就是纠正过程的开始，这大多发生在结构体系交付使用和实现预期功能之前。干预、确认和纠正措施必须跟上。一般来说，在生产过程中这种情况发生越迟，则纠正的费用越大。这可能表明是有成本效益的，这种努力必须集中在施工过程的前端，即在设计阶段纠正这些缺点很便宜。当然，这并不会有助于防范后来的过程中所导致的错误和缺陷，很容易看出：朝着消除错误的方向努力所做的优化变得相当复杂[10-13]。过去对这些问题的探讨已经得到了一些定性的认识，并引发了世界范围的在质量保证（ISO9000 代码系列）标题下的巨大努力，该标准现仍处于制定之中。不幸的是，该工作现正被误导为制度化的文书工作，并产生大量的文件，并且证明对消除施工质量的缺陷和缺点方面完全无效。

同样，进行周期性检查的监测并未提供自动保证：实际病害的症状，比如警报缝[5]，可能只会对具有足够专业知识或经验的人员才具有清楚明白的意义，因为他们的机敏度不会随时间而变得迟钝。最近的事件及动态已经表明：特大型组织比如铁路系统或公路部门已经沦为实施预算限额管理的牺牲品，他们正在减少检查频率和充分性，雇佣更少人才，延迟或忽视后续跟进工作。

有时候，人们认为自动监测对于控制怀疑是结构体系内在固有的风险是具有吸引力的。至少可以这么说：现在已经混合运用了此种方法的经验。具有典型意义的是：产生定期读数，涉及先进的电子传感器，数据处理，显示和触发报警。然而，现实生活中高技术系统的可靠性始终是一个难以实现的目标。这有许多原因：

- 精密设备自身需要小心和频繁的维护。
- 电子设备的开发和试验处于干净和受控的环境；当暴露于真实施工环境时，它们常常会发生故障或失灵。
- 电子监测装置在低电压和电流条件下工作。附近的输电线路、变压器等常常会产生更为强大的次级电流，可能会导致敏感监测装置的短路、烧毁和其他类型的故障。雷电也会导致同样的情况。
- 监测装置常常在施工期安装——人们可能想尽可能早地了解结构物的性状。笨重材料、电动工具及施工机械由壮工来搬运，会对敏感设备的功能及存续造成一种非常不利的环境。
- 数据检索和消化需要有见多识广的受过良好教育的人员，起初可能会具备这样的人员，但过一定时间这样的人员将会被更换掉，这样，专门的知识就逐渐丧失了。
- 与监测有关的开销通常并不总能产生收入，因此，现代会计认为这在管理上不得人心，因而可能会降低和消减预算。

如果人们希望把坚固性的维护和保证变成自动化仪器的功能，或者是变成人为干预和

5　混凝土结构经常表现出各种各样的裂缝，但绝大多数并不直接影响结构性能。因此可能很难确定实际所关心的裂缝。

知情的警觉性，上面所有这些都必须牢记在心。再次提醒：处于病害的结构物将不会对复杂和精巧的工作提供一个友好环境，或者：当芯片故障时，这类系统的可靠性就成了结构物所做的同样事情的牺牲品——因为它与此存在着一个非常现实的正相关关系。

6.16 机械装置

为了控制运动或力或消散能量，在某些情况下，机械装置已变得日益普遍。它们可分为两类：

- 并不需要能量投入的被动装置。
- 主动装置，其功能多数时候取决于电力电源。

可靠性的考虑因素几乎总是得出有利于被动装置的结论，其原因已经在人为干预的上下文中进行了探讨：结构体系的存续所依赖的装置在工作时，突然发生严重事态，比如发生极端风暴或强烈地震，电网出现故障，人们将宁愿顾及自身安全，而不关心备用电源是否还会发挥作用。因此，通常来说，人们更愿意信任结构安全性和存续机制，比如调谐质块阻尼器、摩擦或摆动阻尼器，它们将吸收能量，并转换成热，必要时送入结构物。

即使是被动装置，也需要进行照管从而发挥作用，因为腐蚀或其他类型的化学变化在时机成熟时会使其部件发生移动，从而蒙受损失。再次提醒：越是复杂精密的仪器，越有可能出现故障，通常对于极端事件一定呈正相关关系，即如果事态严重，故障的可能性就将增加。

6.17 小结

根据在 5.2 节中所述功能，将不同的坚固性要素列表如下（表 6.2）。

根据风险分析方法，列出了所涵盖的坚固性要素					表6.2
坚固性要素	事件控制	直接方法		间接法	后果减小
		单位荷载抗力法	交替路径法		
6.1 强度		✓		✓	
6.2 结构完整性和一致性			✓	✓	
6.3 第二道防线			✓	✓	✓
6.4 多荷载路径或冗余			✓		
6.5 延性与脆性破坏				✓	
6.6 渐进破坏与拉链刹					✓
6.7 能力设计与保险丝					✓
6.8 牺牲与防护装置					✓

坚固性要素	事件控制	直接方法		间接法	后果减小
		单位荷载抗力法	交替路径法		
6.9 分离情况					✓
6.10 刚度要领			✓	✓	
6.11 应变硬化的益处		✓	✓		
6.12 后压曲抗力			✓	✓	
6.13 报警、主动干预及救援	✓				✓
6.14 试验		✓	✓		
6.15 监测、质量控制、修正及预防	✓				✓
6.16 机械装置	✓				

第7章　维护坚固性

较老的结构物通常都曾经历了改建、改造、重塑、重新装修等历史，从而使其处于一种与原状非常不同的状态，并可能不再符合构成设计和施工依据的假设、假定、规定和方案。从个体上看，这些改建（钻孔、开槽、切口、转移等）常常属于小型性质，并且是在不同时期、针对多种原因及由不同的人所进行的。然而，它们的总和可能非常大，且通常都是负面性质的，即减小了结构物的理想特性，诸如强度、抗力、刚度和坚固性。从外观上掩盖混乱及削弱强度的装饰工作通常是改造的重头戏。一个好主意是对这种无法更改的事实进行考虑，而且，如果人们想依赖某些结构构件及其抗力，就要在还未发现任何破坏迹象的时候，去验证它们是否能真正承担重任，或者其原始设计所包含的安全系数是否已经被吃掉。

一个流行的说法，即经受了一个世纪时间考验而留存下来的结构物，将会继续留存另一个世纪，这是完全荒谬的，除非有足够的证据证明系统的原始状态仍然原封未动。没有理由假定：对于一座建筑物和一台汽车的使用或滥用，前者与后者会做出不同的反应，尽管汽车已行驶一定距离，需要修理、保养、整修或更换零件。没有理由相信我们的祖先比我们今天修建的房子更结实、更注重质量和坚固性。过去的好时光不复存在，我们从刚一开始，就遇到将所有工作都交给低价竞标者这个瘟疫，就如1685年7月17日沃邦[6]（Vauban）写给其上司卢瓦[7]（Louvois）的著名信函所举证的那样，有关工作交由低价竞标者以及那些被迫提供折扣的承包商来完成（图7.1）。

由于图7.1所示的信函文件用法语书就，信函由本书第一作者意译如下：

"大量的工程在等待着，它们没有完工，且永无完工之日。所有这些都是由于混乱所致，混乱源于我们对工程做出的频繁折扣，因为可以肯定的是：所有这些违约的合同和承诺及重新裁定，只能吸引承包商中的糟粕、不称职者及无知之人，而那些严肃且又有资质和能力承担业务的承包商则退避三舍。

而且，我要说，这延误了工程，增加了造价，破坏了施工，因为这些折扣和成功的谈判都是虚构的；正如一个溺水之人会抓住一根救命稻草一样，承包商将不会给其供应商和工人付款，受利益所驱使，他将竭尽所能偷工减料。他将只使用最劣质的材料，竭力吵闹和尖叫以获取同情。

够了，我的上帝，这足以让你了解该行为的缺点。看在上帝的份上，重建诚信，支

6　赛巴斯蒂昂·勒普雷斯特·德沃邦（1633～1707）是法国路易十四时代众多战役防御工事的总监察长和陆军元帅。他还是税收与统计科学著作的作者。

7　弗朗索瓦卢米歇尔·勒·泰利埃，卢瓦侯爵（1614～1691）是法国路易十四时代的作战部长。

付工程开销，不要拒绝对已履行义务的承包商给予诚实奖赏。这将始终是你能找到的最佳交易。"

其结论显然是：不能假定坚固性依其自身而存在，但如果人们对其有所期待，则必须进行重新评估和予以重建。

图 7.1　沃邦（Vauban）给卢瓦（Louvois）的信函（1685）

第 8 章　结论

处理坚固性问题的工具箱里有众多策略，在许多情况下都有多个方案可供选择。当然，这就构成了一个经典的最佳化问题：我该把我的金钱和精力花在哪里才能使产出效果最大化。因为常常是：这些效果的数字评估，从概率或确定性量化的术语来看，都是不可及的，原因就在于影响坚固性状况内在的高度不确定性，而评估却始终是定性的和主观的。这件事也许没那么糟糕，因为它可以使模糊信息和主观经验相结合，而并不依赖于科学的"游戏规则"及被认为有效的重要数据的可用性。

第 9 章　一般应用

9.1　平板冲剪破坏（强度、延性、第二道防线）

这是一种破坏类型，尽管很常见，甚至声名狼藉，却仍在以骇人的频率发生。可以举出发生这一切的大量原因，不仅仅是当前建筑规范[8]体积庞大而复杂，而且，它们自身现在还变成了错误的重要来源，因为设计工程师被迫将其任务交给计算机的黑箱。

冲剪破坏机理为大家所熟知，这里不必进行讨论。然而，在坚固性设计背景下需要注意一个重要特征：沿着柱头的混凝土板的实际抗剪力，除了诸如开裂、偏心等影响外，为混凝土"实际寿命"（非实验室准备的）的抗拉强度的一个函数。因此它是高度易变的。该事实实际上是将问题进行了各种情况分类，而各种情况又表现出高度的不确定性，此时，影响到了结构安全表达式的抗力侧。

已提出并采用了三种不同的方法，来提供此情况下足够的坚固性，而某些建筑规范也说明了部分或全部问题：

- 增大板厚度和／或提供支柱上更坚固的混凝土。
- 在临界区提供抗剪加筋。
- 通过支柱提供底部加筋。

在本讨论中，很容易用例子清晰地将每一种方法套用某一坚固性策略，每一方法都具有不同的内涵和后果。

第一种方法明显提供了足够强度。建筑规范为其提供了标准，即规范委员会坚持着永无止境的讨论主题：到底多厚才是足够的。在某些情况下，法规的制定比过去更严，因此提出了既有建筑物的这个问题，过去在设计中较少受限的要求，现在被认为不够了。该建筑物现在要废弃或修复吗？

提供更厚的板还需要在若干方面增加建筑成本，并与建筑标准相矛盾，当用板自身做屋顶时，无梁楼板、托板或柱帽并不满足要求。

板足够厚的标准常常是非常复杂的。它们与非常脆的破坏机理有关，还会受到局部力及由于偏心和弯曲造成的应力的影响。某些建筑规范试图说明这些影响，结果导致程序更复杂。

第二种方法意味着临界机理的改变，即从脆性破坏到延性破坏方式的改变。为提供抗

8　国际建筑规范，出版于 2003 年，有 XII+660 页并重达 1.7kg。对于混凝土板设计，人们还需要研究 ACI 规范，它有 369 页，重达 1.0kg。

剪加筋，已经提出了各种细节资料，其中一些还具有专利。特别是抗剪加筋在更薄的板中的实用性，可能会受到质疑，因为它要求有手表制造商的精度才会有效，否则，其做法就是虚幻而无法实现的。

第三种方法是第二道防线的一个好例子，当有抗剪破坏的时候，它就会起作用。锚固在支柱上或穿过支柱的底部加筋，将以吊床方式起作用，防止板倒塌（在板的下面，引发一个坍塌，就会引起其下出现渐进坍塌，正如某些骇人的例子中已出现的情况）。

顶部加筋不会出现这样的情况，而是会有脱落，除非它是由弯曲钢筋组成的，弯曲钢筋是过去所用的一种加筋形式，但已被彻底废弃了，因为它需要对布筋次序特别注意。

在某些建筑规范中，布设底部（"完整性"）加筋是必需的，而且在无数的试验中已被证明是有效的。因此，鉴于冲剪破坏的持久恶名，尽管需要花费额外费用，以此方式对坚固性进行投资，似乎也是个不错的主意。

作为第四种方法，人们会提到钢结构插件（抗剪头），它们会起到类似作用，因为当抗剪加筋使临界区远离支柱时，则无筋混凝土断面承受的抗剪应力就足够低。该方法在欧洲特别受欢迎，因为它允许平底板板厚相对较薄，而又不妨碍托板或柱帽。然而，抗剪头的成本非常大，而且通常必须提供防火装置。

策略选择很明显地依赖于具体情况，即各种特殊情况的要求或动机，从而会与经济学、建筑学、传统或各个设计者的偏好有关。重要的是：在结构设计中要适当考虑冲剪破坏机理。最近出现的破坏证明：由于无知、对某些其他类型人为错误的疏忽，人们没有持续这么做。

9.2 无粘结预应力

预应力，通常是后张预应力，其钢筋束嵌入油脂并装入金属薄片或聚合物做成的管道内，现已成为装备混凝土构件特别是建筑物中的板的常用方法，从而抵抗弯曲力矩。这类构件设计的理论基础是众所周知的，显而易见的优点是省略了繁杂和相对混乱的管道注浆作业。

无粘结后张法仍然处在严格的推广过程中；退一步说，虽然已经有了一些实际应用经验，但在某些情况下却完全是灾难性的。本书作者之一还清楚记得一栋33层办公楼得救的故事，该办公楼差一点被废弃和拆除的原因是楼板中发现有松弛的绞索。艰苦的法医侦探工作以及大量的试验表明：松弛的绞索仅限于结构的一个特定部分，并找出了其原因（在施工记录中发现：由于出现与融资有关的问题，施工被迫中断，特定的楼板暴露于外部条件的时间比原计划的时间更长）。

与无粘结后张法有关的一连串潜在和现实的问题是相当引人注目的。综合起来，就大量常见和琐碎的情况来说，这些结构缺乏坚固性是非常重要的一点。

- 如果一束无粘结钢筋沿其长度的任何地方被削弱，则整个构件就丧失了功能。由于小火加热、施工不当、局部腐蚀、轻率的钻孔或切割（电工和水管工有金刚钻，可以穿透任何东西……)、在锚固处失去粘结力等，都会造成这种情况。

- 最易受损的是锚固区，在那里，水会找到进入管道的方式，加速腐蚀——高应力钢易遭受应力腐蚀。这些锚固区特别容易遭受外部条件的损害，对于把高应力钢作为常用材料的高层建筑来说，外部条件会从温暖潮湿的夏天变化为寒冷的冬天，而所有这些都意味着存在水及其渗透作用。在结构物被建筑包络面封闭之前，它通常仍然会在风雨中暴露数周或数月。
- 无粘结后张法的结构物破坏可以是很突然的，没有预警。为了侦测故障（松弛）钢筋束，必须打开混凝土结构物和管道以露出钢筋束。
- 加载方式的变化会导致钢筋束滑动，从而会导致因摩擦加速的腐蚀。
- 用无粘结后张法改造结构物，即使不是不可能，也是非常困难的。当发现预应力已部分损失，或必须承受更高荷载时，加固结构物也存在着与改造结构物相同的情况。
- 不可能控制绞索和管道之间的空间的填充。随着时间的推移，真空区易受来自混凝土中湿气凝结、迁移形成的水以及施工时遗留下来的水所填充。因为油脂密度的差异，水将积聚在管道的凹陷处（正力矩区），取代油脂。
- 在施工期间，特别是在浇筑混凝土期间，管道会被刺破。这将会允许水直接进入，同时还有空气循环，导致出现腐蚀。
- 油脂并不提供任何化学或电气防护（而水泥浆则会提供防护）。

所有这些加在一起，构成了破坏的潜在原因的一个可怕记录，对某些人可能有说服力，但对其他人，特别是对于没什么实际经验而只相信理论的年轻工程师，则没什么说服力。这是墨菲法则能很容易起作用的一个情况，事实上已经发现在某些场合下其后果非常严重。

有无粘结钢筋束的楼板针对的是教科书或宣传材料中所述的理想条件，那里只有成功。如果必须使用无粘结后张法，所有上述提到的问题都必须加以处理并得到圆满解决。

9.3　高层建筑，高强混凝土，一个棘手的问题

受城市房地产经济所驱动的深入研究，已经得出了生产具有抗压强度的混凝土所需的方法和程序，而这些在几十年前甚至还是梦想。这种新材料的绝大部分是用于高层建筑的支柱，有时候也用于墙体，在那里，其经济压力非常之大，因为要最大限度减小垂直构件的占地面积从而使可租用面积最大化。也存在着其他的应用，但它们在数量上来说并不那么重要。

与传统混凝土相比，高强混凝土是一种宽容性相当小的材料。它具有较大的脆性，即更容易出现突然的、几乎是爆炸性的破坏（你曾否看到过比如80MPa或100MPa混凝土试件做抗压强度测试的情况）。

在下列相关情况的背景下，坚固性要素必须解释该事实：

- 地震事件
- 破坏行动

- 人为错误，其形式例如：未被发现或发现太迟的拌和不良的混凝土，或计算机分析的结构建模不合适，却又作为确定尺寸的依据。

尽管高强混凝土存在不良特性，在对设计挑战作出响应即赋予结构体系足够的坚固性的可能策略中，应简要审查三种方法：

- 提供补充强度
- 减小有效脆性，即提供某些延性
- 提供第二道防线

9.3.1 强度方法

现代建筑规范委员会已被迫考虑高强混凝土作为通用材料出现的情况，尽管有所迟疑或不情愿，但他们已经这么做了，做法就是调整设计规则，大多选择偏向于安全可靠，即更为保守。

换句话说，安全边际量增加了，实际上是在惩罚使用高强混凝土，相对于正常强度混凝土的传统标准来说，这相当于增加了强度要求。因此，所要求的额外强度就以各种或多或少透明的方式引入到表示设计标准的代数表达式中——此时必须说——没有多少研究和实践证据——来证明在数量方面的规定是合适的。坚固性很难量化，如果要引入到适用于大量实例 / 情况的通用设计规则中就更是这样。至少，规范作者已经认识到并且承认：在高强混凝土情况中存在着坚固性问题，并在现有的知识限制范围内对其进行了处理。

从定量上来说，即使高强混凝土（与传统混凝土比较，有 10% ~ 20%）建筑规范的规定相对更为保守，面对这种材料的脆性增加（减小了延性和变形性），似乎也没什么意义了，因此，值得看看其他方式带来的坚固性。

9.3.2 改进的延性

由于强大的经济动机所推动，高强混凝土还被用于地震高发区，在那里，材料特性的重点主要集中在可变形性，但要确定实际设计力既困难又不可靠。即使人们想在可以调动钢的增塑作用的地方试图容纳变形，混凝土的可变形性也还是延性结构设计的一个关键要素。最近对该课题的研究一直很火热，而结果也相当有说服力，高强抗压混凝土构件的可变形性主要在于横向钢筋的数量及配筋构造，但现在的规范规定所造成的结果是：要求提供的这种数量和配筋构造的复杂性以前都未见到过。这样做的实际成本从金钱和时间（=金钱）上来说是相当大的，并可能会抵消高强混凝土使用的效益。

在施工中主张有复杂的及累赘程序的地方，可靠性问题会变得更为关键：是否 100%精确到位地遵循了困难的配筋模式？是否因时间压力和放松有效监督，有些更困难的布筋在某些情况下遗漏了？

这会给结构体系留下弱点，因为根据断裂力学的理论，将会很容易找出弱点的性质，原因是各种可能的迹象都集中在了变形上面。

9.3.3 第二道防线

为了提供第二道防线，补偿高层建筑支柱可能的损失就成了一项任务，在楼板的吊床式加筋形式中，很明显可以找到其理论解，楼板用结构钢、加筋或后张钢筋的连续构件做成，其支柱的设计旨在支承相邻破坏支柱的荷载。

事实上，从成本及效益（见第 6.3 节：第二道防线）上来说，结果可能不那么明显：如果楼面板或梁须跨两个跨度，所有受影响的构件必须装备起来以抵抗新的力：支柱将承受更多荷载，靠近支柱头部的板将遭受增大的冲剪力，水平构件将最终遭受连续直接张拉等。换句话说，必须要通过展示所有构件足够的可变形性，来验证相当于第二道防线的冗余度。这可能很难实现，如果是外部支柱或角柱，则会是完全不可能的。

那么可以得出结论：如果是高层建筑支柱，类似于涉及均衡组件的大量情况，则不存在通用型解决方案（one-size-fits-all solution），而且，对于坚固性的优化，每一组特定情况的优点都必须进行审慎评估。

9.4　角柱的问题（强度分级）

从经典上来说，基石被认为是建筑物非常重要而关键的构件。进入 20 世纪，它都是由首相、大祭司或公司总裁安放就位的。其理由很充分：它具有象征意义，人们会说，其失败将从上到下影响到结构的两边，考虑到经典的砖石结构，它至少还会导致建筑物的一大部分崩溃。

更现代的结构类型已替代了砖石承重墙，从表面上看，通过使用更宽容的材料和不同的——改进的——结构理念的组织，就会改变这种情况。令人惊讶的是存在着这样的情况：类似的考虑因素是最重要的事情，因为它们针对的是基石（墙角石），或与基石同样重要的工作。这类例子之一涉及的是结构类型，它依赖于建筑物表面的多跨框架，以支撑垂直和水平荷载作用。

假设一栋高层建筑，占地面积为正方形，边长为 30m，高 29 层。结构的各个面为等间隔距离的 10 个支柱构成的框架，每层楼板有大小相同的外墙托梁 [见图 9.1 (a)]。

增加110%

图 9.1　高层建筑支柱中的力

(a) 平面布置图。沿表面支柱中的力；　(b) 弹性力分布；　(c) 有强柱弱梁设计的塑性力分布

弹性分析表明：垂直荷载由所有支柱均匀承担，但角柱仅承担一半或接近一半的荷载。根据位置的不同，梁和柱参与支撑横向荷载，而整体抗倾覆力矩将在柱上产生轴向荷载 [见图 9.1 (b)]。

简洁性和建筑要素考虑将可能会得到这样的设计，即所有的梁和支柱大小及配筋构造相同，包括混凝土结构中的钢筋，角柱再次除外，因为角柱将根据弹性分析结果，按一组不同的加载条件设计。

到目前为止一切顺利，人们可能会说：弹性设计方法也会导致像抗震设计所要求／推荐的强柱弱梁结构。

如果人们继续努力并研究在极端荷载下的演变机理，就会发现一个令人相当不安的特征：当所有或几乎所有的弱梁屈服时，即自两端的塑性铰起，分担的整体抗倾覆力矩轴向荷载会显著变化：在弹性分析中，支柱的绝大部分都有参与，现在所有抗倾覆力矩最后都是作为角柱的轴向荷载。当横向荷载以对角方向 [图 9.1(c)] 起作用时，该影响将特别明显。它实际上意味着：相对于建筑物表面上的其他支柱来说，角柱因结构的非弹性性状而处于严重的不利地位。

更为糟糕的是，其他几个特点使角柱的窘况雪上加霜：

- 如果按最低要求设计，根据建筑规范，由于永久（重力）荷载作用，它将遭受较低应力作用，而因蠕变引起的荷载传递迟早会出现，并将相邻支柱上的荷载转移到角柱上。
- 必须预料到来自基础的类似影响，在提供了相当于一个硬点的角柱下，永久荷载的局部土压力可能会较低。
- 角柱有较小的储备强度，如果用弹性分析来确定角柱的尺寸，就重力荷载而言，抗倾覆影响的轴向荷载将更加重要。在横向荷载效应走向极端时，通过荷载和／或材料因素由建筑规范规定的安全边际量，将会比其他支柱更快用完。
- 角柱的延性设计比其他支柱更为困难，因为在抵抗旋转和剥落时，它受外墙托梁和楼板结构的限制没有那么有效。

在建筑规范要求中这些均未予考虑，可能的结果是：这类建筑以角柱的过载压缩引起的损失为开端，将会产生渐进破坏。

为减小角柱的这种窘况，在选择单上发现了两种基本方法：

- 可以改变外墙托梁的一个或几个跨度的抗挠强度，这样，最后一跨因受水平荷载的剪力作用，提供了较小的抗弯力，从而减小了角柱的潜在过载。
- 可为角柱提供超出规范要求的额外强度。

第一种方法可能会有困难，原因是必须满足以弹性分析为基础的建筑规范要求函，因为根据有利于坚固性的规范规则，在外墙托梁和支柱中，其强度分级并不是相同的。第二种（强度）方法更直接和简单，因为相对于建筑规范的最低要求来说，它将仅存在于角柱的超安全标准设计。

9.5 热变形，适应性和耐受性

所有材料都会对温度变化作出变形响应，如果受到限制的话，就会产生应力，应力反过来又会导致破坏和强度及稳定性损失。通常会发现建筑物构件处于热变形不能马上被吸纳的情况，这就意味着部分或全部刚性限制阻止了膨胀和收缩。由于受环境空气、太阳辐射、雨和雪、风和偶发影响比如火灾等作用，暴露的环境条件就是温度变化。气候影响的绝大部分都是周期性的，影响时间从几秒到几小时，到几天或呈季节变化。本章将探讨由脆性材料做成的建筑构件，即探讨脆性材料受到全面限制的极端情况，或局部受限的连续情况。

通常，人们发现限制产生热应力的起因在于构件本身，例如，在墙上，会经受穿过墙体厚度的非线性温度梯度的作用，或在一个封闭的圆柱体内，在内外部之间有温度梯度的作用。

暴露的环境条件将会导致被暴露的材料作出响应，起初是在表面，随着温度的变化，会较快从被暴露的表面渗透进内部，这要取决于材料暴露的时间、热质量和传导性。这不是一个平稳的过程，并可能会意味着某些未预料到的和表面上违反直觉的症状，这反过来可能会导致退化和破坏。此时的坚固性意味着：结构体系所忍受的是环境所施加的热效应，换句话说，即使随着时间变化，它也不会忍受过度的或渐进的破坏。温度效应——膨胀和收缩——通常会因收缩或蠕变，叠加到其他类似变形上，相互强化或抵消：在炎热季节浇筑的混凝土会比晚秋季节浇筑的混凝土开裂更多，因为前一情况下热变形参与了收缩，后一情况下将其抵消了。

绝大多数困难起因于建筑物连续部分的温度差或温度梯度，因为建筑物都被连续缚在一起以阻止不均匀移动。这可能会涉及一个表层砌体，它与建筑物结构直接或间接接触。有了外表面，砌体会遭受环境气候影响并随环境气候发生波动，同时，结构将保持在建筑物的恒定室内温度，即20℃±(1～2℃)。如果在两个方向上未提供膨胀和收缩缝，砌体——通常在刚度和强度方面较弱的搭档——可能会开裂或压曲。例如，这可在大量较老和新的砌体表面上很容易观察到，在那里，垂直裂缝在靠近各个角落的地方已经形成：砌体已形成了其自身的卸荷裂隙，因为这并不是由建造者提供的。经常发现这些裂缝随时间推移以棘轮形式在逐渐增大，这是因为在两个方向上出现了相对移动：垂直及平行于裂缝表面。松散颗粒可能也会进入裂缝的两个面之间，当墙体变热并膨胀时，松散颗粒会防止其完全闭合。

类似地，巨大混凝土墙或砌体产生横过墙体厚度的非常显著的温度梯度，温度分布可能会呈高度的非线性性。具有典型意义的是，墙体在白天将会使外表面变热，有时候会因风和雨而急剧冷却。这些表面温度在表面以下40～60mm距离范围将逐渐减小。在接下来的几天，或当外表面在夜间冷却后，混凝土已获得的某些热量将作为一种温度波移动到内部，在大约150～200mm深度处缓慢消失。夏天的测量已经表明：日常的甚至更短的变化已经被一个在外表面内部25mm的温度计所"看到"，但是在靠近内表面处，只有每周或更长期的趋势出现。那些测量结果取自一个圆柱形混凝土塔（加拿大蒙克顿），塔壁厚12in（305mm）。几乎没有什么内外部气体交流，内部也无气体流动。

四条垂直缝随时间推移在塔壁上扩大，其方向几乎完全呈风玫瑰方向（见图9.2）。由于在靠近内表面处未提供水平加筋，它们已发展至一种状态，即混凝土块开始从裂缝表面剥落和坍落。

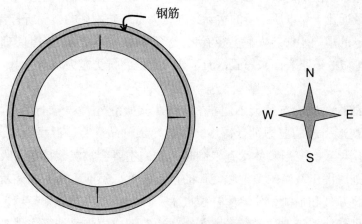

图 9.2 圆柱塔壁上的温度裂缝

已在具有构成封闭圆柱体或正方形的巨大墙体（0.5～1.5m）的大量圬工结构上看到了类似开裂方式。

起初这种情况并不严重，从结构上来说，只要裂缝没有开裂到超出一定宽度，那么在结构的各个部分，则仍然存在着最小机械锁定。然而，超过该限度后，结构则不再是一个整体而开始崩溃；它可能不再能支撑因风，尤其是地震引发的水平荷载。碎裂的混凝土块可能造成麻烦或威胁，并招致进水。

在有冻结温度的国家，已进入墙体的水将会周期性冻结，加速退化过程。如果维护没有及时和彻底跟上，建筑物可能会马上毁坏，这由整个中北欧大量的古城堡所见证，如今它们已处于各种衰败状态或已彻底消失。

现代建筑已经——特别是近来——承认这些温度梯度的事实，而且，绝大多数建设者现在将通过接缝给外露混凝土构件或圬工提供间隙，在接缝处，可以出现相对移动而不产生破坏或退化：此时的坚固性通过消除连续性而形成。然而，请大家注意：提供完全分离的情况仅仅为：力不得从一个分离的构件传给另外一个。主结构体系，比如必须提供某一距离上的传力路径的桥梁或建筑结构和构件，则不得允许发生自由和单独变形，而热应力和开裂则常常不可避免。

在此情况下，必须提供裂缝控制，这意味着：形成裂缝不可避免，必须防止其开裂宽度超过某一范围，并要防止其逐渐变宽。在混凝土施工中的经典做法是：在靠近表面和在近的间隔上提供"温度加筋"。这最后变成了一个模糊值，至少在使用碳素钢筋时是这样：钢筋布置越是靠近表面，对开裂宽度的控制就越有效，但是在当水含有盐的时候，其腐蚀效果也显现得越快。

"温度钢筋"的精确位置、间隔和直径很大程度上成了一个信仰和经验问题，这种信仰和经验会随环境和暴露类型的不同而各不相同。采用无腐蚀材料的现代加筋方式更可取的是碳素钢，但其成本常常过高。

在众多描述建筑物将会遭遇到的假定条件的其他参数中，已经提出了涉及混凝土抗拉强度的各种理论，以便确定设计温度加筋的最佳方式，但它们仍然主要属于学术层面。另一方面，依据最近几十年中所获得的实际经验，大量基础设施的某些所有者（州、市）已经制定出了自己的规则手册。人们已经看到：最近的趋势不是将任何钢筋都靠近暴露表面比如说在混凝土做的道路表面来布置，而是从约束处将抗力应力减至最小，并优化混凝土的抗拉力。

对于圬工结构，情况有很大不同：在横跨灰浆接缝处，实际上并不存在抗拉强度，但因受限的热变形引起的应力则低得多。当在圬工（砖、石、混凝土块、人造石头等）上的热比例变化导致的变形整体受到限制时，它们主要会被灰浆接缝所吸收，所能吸收的程度和时间则取决于灰浆的类型和变形的严重程度。然而，所有灰浆基本上都是脆性材料，并最终将开裂和崩溃，使墙体开裂进水。这种物理描述非常简单，也容易从定性上理解，包括可能伴随该过程的在多孔灰浆、冰的形成中的毛细管作用。然而，定量来说，还有许多东西有待了解。气候的差异，即使是局部微气候的差异，也可能会决定一个墙体是否会快速或仅在长期过程中遭受破坏。对既有结构的研究已经表明：墙体的某部分或同一墙体在几年后会退化，而表面上具有相同情况的其他部分则在几十年后仍然完好无损。

然而，对于主要适用于依赖胶结材料来保持一致性的结构物，比如圬工和混凝土，可以得出一些大体上的观察：

- 因暴露于气候条件下引起的热变形为周期性的，并可能会部分变得不可逆，最后越来越严重。以足够小的间隔提供伸缩缝可避免这种情况。
- 在抗拉应力出现的地方，脆性材料比如混凝土或圬工会产生裂缝。如果允许这些裂缝扩大到超出一定宽度和深度，就会导致进水，在特定情况下（冻融循环等），这可能会带来各种恶果。
- 热应力和变形会随着其他类似效应比如收缩或蠕变而累积。如果能容纳而不是限制变形，则由温度变化导致的应力将会消失。因此允许自由运动可能会强化坚固性的长期性能。

9.6 防冲支撑（一致性中的强度）

从传统上说，铁路将其设施包括大面积的货运线建在位于或靠近市中心处。处在这些位置的土地价格提供了修建过多轨道的强烈动机，因而在机车或列车偶然冲出轨道的可及范围内，产生了将防冲支柱修建得相对较细的问题。

由于受空间条件限制，特别是在道岔区，常常不会选择将支柱修建得更结实，因此，必须找出其他方法来实现坚固性。在过去，当铁路线走入地下时，人们认识到了该问题，特别是在北美，引入了防冲支撑，将大量纵向支柱连接起来，通常还组合了一些支柱面上的斜撑。其构想是：以这种方式将支柱固化在一起，这样，就不会出现单根支柱被撞倒的情况，因为冲击将会受到所有支柱共同支撑。该系统对垂直于线路方向的推力没有多大帮助，但这种可能的碰撞力分力仅仅为纵向力的一小部分，而支柱可能会以不同的方式来支撑它。

当在客运枢纽站的轨道之间有站台时，站台绝大多数都建在高架位置（在轨道上方0.5m 和 1m 之间），一方面作为防冲支撑（尽管稍微有点高，不在理想位置），另一方面作为防护构件，从而提供了双重保护，因为对支柱来说，从来车位置起，一半的站台宽度空间被取消了。

9.7 外墙与幕墙

外墙的结构问题及破坏与建筑物理密切相关，比如温度、热流动、热膨胀和收缩、因收缩和蠕变引起的长期变形、水分渗透或凝结及其对腐蚀的影响、成冰作用等。在本简要概述中，将说明结构抗力问题，同时把安装到主体结构上的面墙构件及构件相互之间的细节功能关联起来。与不兼容变形有关的其他破坏类型不在此赘述。

外墙设计一直以来不受建筑设计界所重视，各方都抱有这样一种印象：其他人应该/将会去处理它的。当建筑物包络面的传统方式比如巨大的砖或石墙因经济原因而被放弃的时候，出于节能考虑，人们最近提出了一些新的方式和概念，并发现了其广泛用途，其中绝大多数都是在二战之后。从传统上来说，建筑物包络面作为一种结构体系做成双层，承受垂直和水平荷载，对于现代的系统来说，在结构和建筑物包络面之间几乎实现完全的实体分隔，幕墙构件意味着仅仅抵抗非常局部的荷载效应，比如作用于构件自身的风荷载和重力与地震效应。然后，通过绝大多数为金属的小构件，这些荷载将被聚集和传递到建筑结构上，其具体情况，到目前为止，尚未引起学术界、科技界及专业机构的注意。

幕墙承托物的许多概念现在都有几十年了，其性能方面的经验开始包括长期效应比如腐蚀和不兼容的约束后果。一般的趋势是退化——因为绝大多数连接部分都是被遮住的，并难以显示出来——这种情况开始具有一个雷区的特点，随时等待着发生事故，特别是古老建筑物的情形，其建造处于一种创新环境下，但人们几乎还不了解建筑物理的前因后果。由于 30 ~ 60 年前修建的大量建筑物都在老化，人们可能会担心：由这类影响比如风暴、小型地震或特殊的高低气温所引发的破坏频率将会增加而不会减少。

如果是古老建筑物，在进行主体改造工程时，通常会进行结构干预；具有典型意义的是，建筑和机械/电气系统通常每隔大约 30 年左右就进行更新或改造，常常使结构体系几乎完好无损。这就有机会看到、试验、验证和纠正、改造或替换幕墙连接件和承托物。既有构件现在能讲述其故事，而建筑师或工程师会了解到什么在起作用而什么未起作用，以及为什么。在已出现破坏的地方，将会引发改造工程，如不考虑狭隘的经济因素，纠正措施会变成唯一选择。

绝大多数与连接件有关的幕墙破坏为两种类型：

- 腐蚀
- 锚固破坏

两种类型都涉及特定连接件抗力弱化，本质上是渐进破坏。通常人们会发现：在锚固处周围，有腐蚀物从砖、石头或混凝土中绽开。具有典型性的是，铁锈是钢厚度的 5 ~ 10 倍，当其形成时，会产生很大的压力，通常超出脆性材料比如混凝土的抗拉力。

对于坚固性的追求，我们现在所处的情况是：隐藏的缺陷在随时间而发展和扩大，那么，尽量找到一种策略来确定人们想要从建筑设计中体验到的舒适，这似乎是个好主意。

当然，我们的新型幕墙连接件设计将会朝着修正我们所关注的缺陷方向努力，但从根本上来说，它们还将会与之前处于同样的情况：现实情况难以准确预测：藏匿于视线之外和暴露于可变温度和湿度的影响之下。只有时间将会证明我们的概念是否够好或不那么好。

坚固性作为系统的特性，使得系统能经受任何影响，包括不可预料的影响，在幕墙连接件的假定临界情况下，一个或多个连接件的抗力退化可能会达到某一点：即它（它们）可能不再能支撑通过它们的力。在提供坚固性的可能策略中，会想到下列方法：

- 如果仅为样板形式，尽量使幕墙的背面能得到检查。
- 尽最大可能保护金属部件免受腐蚀。它们必须在极端不利环境下（高度潮湿、供氧充足及温度变化特别大的情况下）发挥作用。不锈钢在这里可能并不适用；在处于潮湿地方和永久应力（见参考文献 [16]）条件下，商用质量的不锈钢存在着不良经历。如果细节中包括焊接，则防护层必须包括通过牺牲阳极（Zn, Al）的阴极防护。如果采用镀锌部件，则不允许进行现场焊接。
- 结构措施更难以规定，但可能会更有效地防止事故发生（零件脱落或其他类型的破坏）。作为一种通用方法，与可变形性相组合的冗余似乎提供了最佳答案。表现出错位构件或类似病害的幕墙，这是报警，并可及时进行修复；在失去（所有）抗力前，这需要有允许移动的细节情况。可变形性不仅可以通过延性实现，例如，板的弯曲，还可通过过大孔的滑动螺栓来达到同样的目的。重要的是要注意：通常不能在面墙本身的材料中发现可变形性，因为面墙是用脆性材料（圬工、预制混凝土、玻璃等）做成的，也不能由支撑它的主体结构来提供，因为对于建筑物包络面上的小的力，其质量使其实际上具有刚度。因此，符合能力设计保险丝原理的是：在锚固处的抗拔力或抗开裂的力必须大于连接件屈服或在螺栓连接界面上移动的力。

如果临界情况包括在一个或几个连接处的抗力损失，那么剩余的连接处必须强大到足以支撑作用力，并能充分变形以便允许力进行重分布。在某些情况下，通过拱作用，幕墙自身可能会有助于减少连接件丢失：考虑一下由座角钢支撑的表层砌体，座角钢反过来又以某个间隔，比如说 1.5m 间隔（见图 9.3）安装在结构后面。假定：连接件之一已失去抗力（例如因腐蚀失去抗力）。座角钢现在必须支撑一个 3-m 跨度的砖的重量，如果该重量为均匀作用的话，将会使其弯曲，并可能会到达增塑作用点或扭曲失稳。然而，在所有概率情况下，将不会发生这样的情况，因为砖将不会随座角钢发生初始弯曲，但将会形成减小损失连接件的拱形压缩区。然而，它可能会开裂，这说明有问题存在。

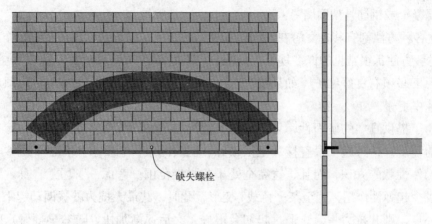

缺失螺栓

图 9.3 抗力缺失点上压缩拱的形成

类似情况已在角落处见到了，在那里，座角钢的向下移动产生了在圬工顶部的一个水平拉力区，因为此时的圬工处在悬臂情况下。这是一种让工程师感到不安的情况，但另外一个特征则有帮助作用：如果失去抗拉力，幕墙板的悬臂部分将会下沉到其下的一层板上，而如果要保持坚固性的话，各锚固处现在将不得不承受两倍的重量。因此，对于例如 2.5 ～ 3 左右的过大荷载因数，一个好主意就是将锚固设计在靠近角落处。

9.8 地震及未加筋圬工（第二道防线）

大量带无加筋圬工的承重墙建筑物存在于世界各地，其中许多具有文物价值，而且许多都位于强烈地震活动区。

无加筋圬工拥有变化很大的特性，并且与耐震性的现代理念并不很吻合，尽管使圬工墙更为坚固的方法确实存在，而且已经在某些国家得到了应用。然而，它也是有局限的。绝大多数圬工具有相当的脆性，当出现超出一定比率的剪切变形时，通过墙的渐进瓦解，抗力很快就失去了。为了改进这种状况，或者，换句话说，在强地震期间提供坚固性，最重要的是要认识到：作为圬工性状的关键标准，必须对变形进行有效限制。

剪切变形 r 的耐受性的变化，在很大程度上取决于圬工材料和类型，但在周期荷载作用下，对于普通的圬工类型，则其值局限在 $1\% < r < 3\%$ 左右。换算成刚度要求，这就成了一个相当苛刻的标准，而设计者必须谨慎小心和定量地验证任何他所希望考虑的方案，确定它们将确实会起作用。这可能包括识别预期的地震特性，即频率和位移量。

从实践中摸索出了许多方法来强化圬工结构的抗震性能：

● 增加钢支撑

- 增加墙面上的混凝土
- 与其他结构构件的连接
- 基础隔震
- 混凝土或钢筋骨架围墙

上述各种方法都有其自身潜在的问题和警示，必须加以留意以便该系统起作用，但还有对上述各方法都很常见的许多规则，只是方式不同而已：

- 圬工必须有良好维护。如果没有良好维护，就可能会过早瓦解，即比预期的变形速率更慢。

- 为了提供真实的坚固性，复合结构必须拥有足够的刚度将变形限制在圬工能承受的程度。这听起来很直接甚至很琐碎，但实际上，它要求具有各个所参与的结构构件性状的知识，而且，这完全处于非弹性范围。考虑一下圬工自身。它将或多或少起弹性作用，直至某一荷载 / 变形，此时，其最大抗力就被调动起来。超过这一点，则其抗力将会衰退，起初会很慢，之后逐渐加快。随着早期确定的刚度的衰退，即以慢速变形，后续加载周期将改变初始性状。对于加筋构件，它将完全不同。如果它由安装在墙表面的钢支撑组成的话，它将有一个为墙的初始刚度的一小部分刚度，所以荷载的绝大部分将会找到其进入后者的方式，直至其抗力耗尽。这就到达了临界阶段：如果加筋构件并没有足够的刚度和强度，从而来控制弱化的复合系统变形的话，那么则坚固性不复存在。

- 两个或多个构件的相互作用取决于系统的内在一致性，这样，在构件之间交换的可变力就能够移动，而不导致额外病害，即在连接处、在隔板上等出现破坏。对这些连接构件进行超安全标准的设计，即提供充裕的强度会是个好主意——但要估算各个阶段的作用力可能会非常困难，而所有构件并不作为一个单元起作用的结构可能会比无加筋的原始结构更糟糕。

具有更多延性补充而本质上为脆性系统的加筋，从第二道防线的意义上来说可能并不理想，即不如针对延性所设计的新构想的结构那么好。然而，如果因保护既有构件施加了限制，则可能是仅次于最好的事情。

在实际设计中必须考虑的某些其他问题：

- 必须防止钢构件的压曲。有时候，如果楼板或横墙能起足够的支撑作用，则墙本身就能起横向支撑的作用。

- 必须提供作用于斜构件上的力及力进出钢构件的路径，钢构件锚固于结构的其余部分。

- 连接处必须比钢构件的屈服强度更坚固以便提供延性。

由于体积的原因，圬工墙通常拥有非常高的初始刚度，这意味着：在任何与其他抗力构件的组合中，它们是分担横向力的突出参与者。因为当变形超出某一限制时，其分担额将快速下降，该系统的剩余部分应能有效承担起圬工的分担额，从而使变形量及移动处于受控状态。

9.9 钢结构组件

某些钢结构中坚固性的缺失一直是过去大量事故的源头，并且现在还在继续着。由于装配式钢构件的特性及性状已为大家所熟知，主要是连接件的问题，这样连接件成了关键要素，公平地说，坚固性的考虑必须着眼于此。

相对较脆的木结构构件必须与延性连接件组合起来才能发挥作用，与此不同的是，钢构件通常具有延性，其使用情况是用于张拉、弯曲甚至压缩（如果可以排除压曲情况的话）。然而，包括紧邻区的连接件，通常并不具有该特性。在第6.11节中已经考察过了螺栓连接件；在下文中，将主要探讨焊接组件的问题。

坚固性设计的本质是赋予最终产品具有在实际中和超出所有理论、标准和规范之外的那种特性。在遭受了某些痛苦经历之后，现在已经认识到：特别是在焊接连接件的情况下，在将来结构的各模型之间可能会存在显著差异，因为一方面它会出现在计算、图纸和规范中，另一方面它会出现在现实生活产品中。其原因是：焊接是件非常复杂的技艺，或者它可能被公正地称为是一种艺术，它要求艺术家来实施。为确认这一点，人们只需看看已经出版的关于焊接的大量文献、规范、标准、工作要求，以及针对焊工的非常严苛的和高度有组织的审查程序就能明白。所有这些都可以理解为针对墨菲效应的质量控制而做出的补偿尝试，这在焊接中特别重要。在某些情况下，质量保证协议变得如此令人厌烦和复杂，以至于自身达不到预期目标及不可靠，导致生成大量文件，提供了"满意度"而非真正"效果"，并留下了隐患。

与复杂和繁琐的质量控制相比，还有其他解决问题的办法：

- 设计组件使得焊接处特别是现场焊接处不在关键部位。
- 在方便接近、大小和体积方面，使用易于实施的焊接。
- 尽量避免焊接点需要非常精确和需要准备的情况——在时间有限时这可能难以实现。
- 通过在附近提供可变形性，尽量保护焊接点免受过载影响。
- 在焊接困难以及控制困难的地方，使用螺栓连接。如果必须使用现场焊接，应始终进行认真检查。其优点必须大于与可靠性和不确定性有关的消极方面。

所有这些都可以总结为一位老工程师的座右铭：尽量围绕让你害怕并要求有广泛协议的紧急情况进行设计。

有些例子应能说明这个情况：

特别是在竞争环境下，现场焊接难以有效控制。通过设计而非控制机制（例如，见图9.4）可能是避免问题的一个好主意。

下列某些例子与不能实施高品质和严格的质量控制的环境有关，即与困难的工作条件下的中低成本施工有关。作者意识到：在某些情况下，可以创造出理想的或近乎理想的条件，但是通常来说，其直接或间接成本会使其成为特例，而不满足规则规定的要求。

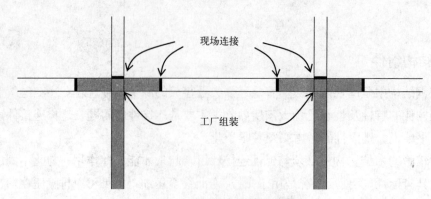

图 9.4   远离关键部位的现场焊接

梁常常必须成片组装并焊接就位。提供一个简便易行的设计将有助于安全性和坚固性。可以均衡确定角焊缝以提供额外强度，从而补偿实施中的缺憾（图 9.5）。

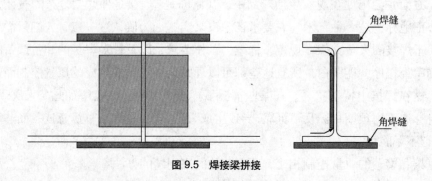

图 9.5   焊接梁拼接

与焊接有关的问题是个配料的问题。焊接处越大，越容易有缺陷、残余应力等。最小化焊接处即表示让工件避免了仰接（图 9.6）。

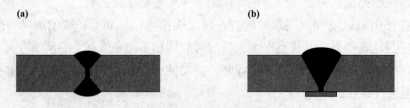

图 9.6   厚板的对接焊
(a) 从两边焊接，最小化堆焊 ；(b) 仅从一边焊接

在许多情况下，对于钢筋而言，对接焊缝很难执行，因为焊条必须围绕着钢筋。不完整的焊缝可能危害有效强度 [图 9.7 (a)]。角焊缝的替代方案 [图 9.7 (b)] 更容易，可将焊缝做长一些以适应具体情况。

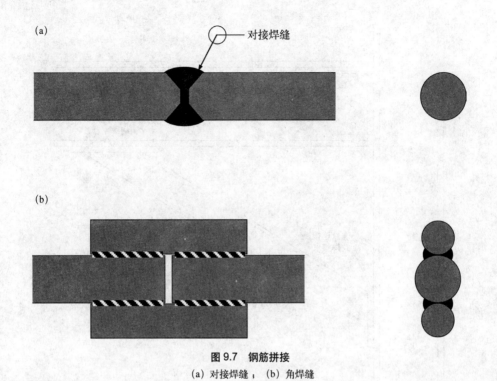

图 9.7 钢筋拼接
（a）对接焊缝 ； （b）角焊缝

直接如图 9.8（a）中所示的管道装配，其切割必须有很高的精度，而管道构件的强度在连接处则无法匹配。连接板型式（图 9.8（b））给予设计更大的自由度，而连接则不再成为关键构件。

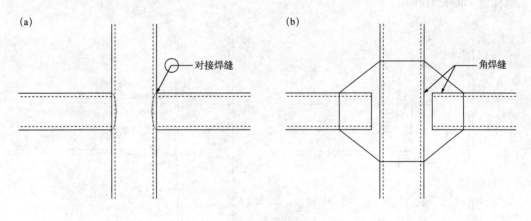

图 9.8 管道装配
（a）无连接板 ； （b）在槽缝中有连接板

提供斜撑而非复杂的焊接或螺栓组件常常是形成有效抗弯构架的理想方式，特别是在改进既有结构物的情况下更是如此。可以按要求来设计延性（图 9.9）。当然，既有的梁柱连接必须能支撑改装方案中生成的力。楼面可能需要额外的加筋。

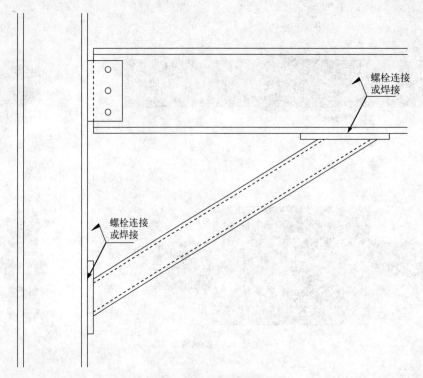

图 9.9   有斜撑的抗弯矩连接

通常，要使连接处比被连接构件自身更坚固是不切实际的。为提供塑性范围内的可变形性，可采用板或角的弯曲（图 9.10）。尽管如此，连接角和 T 梁必须有足够的刚性以避免螺栓过大的杠杆作用。

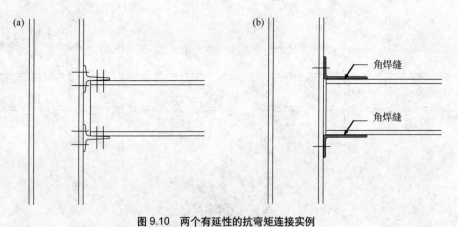

图 9.10   两个有延性的抗弯矩连接实例
（a）较早建筑框架中发现的铆接大样； （b）螺栓连接和焊接

图 9.11 中所示的拼接大样为在既有建筑物中使用的理想类型，在那里，材料必须用服务电梯输送。最大长度通常限制在大约 4m 左右。实施并不要求有任何特殊技能，而对坚固性也没有任何特殊规定。

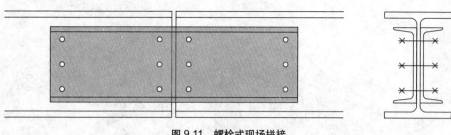

图 9.11 螺栓式现场拼接

围绕上述问题总结设计精髓：

尽量避免需要大量和复杂质量控制，或特殊技能的关键焊缝，因为你在实际生活中可能并未获得这样的特殊技能。特别是要避免在最大抗力应力处的对接焊缝。为了获得坚固性，对接焊缝不能过大（但角焊缝在主应力方向上则可以）。

非常常见的是，可采用少量的额外材料来避免安全性、可靠性和坚固性问题。这特别适合于定制的某一类型连接的情况，在那里，实施的简单性及方便性直接与坚固性有关。

9.10 点支撑上的空间桁架（多荷载路径及其问题）

空间桁架或建筑师昵称的空间框架，拥有某些内在的特性，非常典型地甚至普遍地适用于所有系统，它们可能是专有系统，或是定制的系统：

- 纤细构件，其 l/r 典型性地介于 $100 \sim 200$ 之间（l = 压曲长度，r = 回转半径）
- 连接抗力，特别是在受拉时，大大弱于被连接构件的抗力；市场上提供了各种连接类型，有贯穿螺栓、插座、切割螺纹、焊缝等，绝大多数都有的共同点是：各构件在其端头的横断面都缩小了，从而适应接缝组件，因为其总体大小对于美学要求很关键，并且自身的安装还必须快捷方便。

对于受压和受拉两种情况，结构体系主要由脆性构件组成，使得坚固性难以实现。

更难以实现坚固性的是：空间桁架通常安装在点支撑上，从而实现开放的效果，屋顶漂浮在头顶上方，其下的空间对于各个方向的视角和空气流动都是敞开的。这创造了一个条件，它非常类似于在平板情况下所讨论过的情况，力都集中在支柱头部周围，唯一的区别是：在此情况下，在主斜构件中，那些力以轴向荷载的形式存在，而主斜构件安装在支柱头部，在那里，它们被当做混凝土中的抗剪应力模拟出来。

美学要求再次倾向于：这些主斜构件的大小（直径）应与结构的其余部分的相同，即尽量纤细（精致）。其实现的途径是：选择较厚的壁管或结实的具有相同外径的断面。以此来增加纤细度，使这些斜构件在受压时更加具有有效脆性。在受拉时（见图 9.12），连接处将始终是最薄弱环节。

由一排支柱所支撑的双向空间桁架为超静定系统，荷载的分布受到所施加变形的影响，比如不平衡基础沉降，以及屋顶重力的分布影响。此条件在有些国家最为重要，因为在那里，雪的重量可能为总荷载的一大部分，并承受着累积影响，其位置及大小实难预测。此

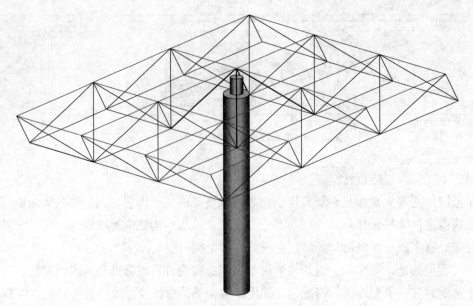

图 9.12   有更好坚固性的主斜构件的反转

状况可能进一步恶化，因为与支柱头部相连的斜构件为起斜撑构架作用的组件，支撑着水平荷载。因此，关于实际分担的必须由支柱头部的各个斜构件所支撑的荷载，存在着很大的不确定性。使用正常案例描述可以说明数值例子，因为案例描述证明这一点非常引人注目，要求一个特定构件自身在某个时候要承受支柱荷载的绝大部分。因此，定性来说，大量情况通常都集合起来，使得空间桁架系统特别脆弱，特别是涉及将荷载引导到支柱的主斜构件时更是这样。

那么问题是：在若干方面，尽管结构特性趋于脆性类型的响应，但坚固性该如何实现呢？

选择方法明显是要给主构件即斜构件提供延性，以便它们将有效起到多荷载路径的作用。因为只有在它们处于受拉情况下，才有这种可能，必须给它们予以导向以便在支柱顶部而不是在低点处会合（见图 9.12）。

对于一开始必须屈服的高于斜构件体的强度，还必须详细说明端部连接，因为这是在足够长度上增塑作用能被调动的唯一之处。但在连接处并不是这样：即使它们能有增塑作用，即通过一系列（最后证明是永久的）变形来支撑某一水平的抗力，此种延伸的绝对值会受到严重限制，因为它发生在非常受限的材料体积之内，例如，在焊接或在横断面缩小的工件上长度较短的螺栓的屈服。为便于从一个斜构件（一开始变得应力超限）向其相邻斜构件进行大的荷载重分布，则它必须具有有限的塑性拉伸能力（即等待其同伴承担过载）。

不同情况下，在远离连接处，已经研究出了一些细节来激发钢筋的初始屈服，例如，带有轧制螺纹的，或提供必须切割出螺纹的加厚端头钢筋的机械拼接。还能想到的类似组件有：利用优质钢的应变 - 硬化特性，此时，优质钢是指在抗拉强度大量增加之后（即应变硬化，例如 20% ~ 25%)，才出现的良好塑性延伸（例如长度为 200mm 的 15% 或大约如此）。

可能切合钢筋实际情况的事情并不一定适合于空间桁架组件，今天所见结构系统的大多数这类例子仍然主要是脆性类型的，几乎没有或毫无坚固性可言。

给空间桁架提供更有坚固性的一种可选方式明显就是：增加关键构件的强度，例如，以最不利荷载情况的分析做基础，这将导致关键构件的尺寸增加，从而在某些情况下可能意味着所有构件尺寸增加，以便提供统一的外观和组件细节。这可能还与高雅的建筑标准相冲突。

强度的增加相当于安全边际量增加，在具有非延性构件的多荷载路径的情况下，用更高安全边际量表示的储备强度，可能是提供不可预见情况下的抗力即坚固性的唯一有效方法。

类似于在悬挂案例（第 9.11 节）中的考虑，一个简单计算可以证明这一点：

通常，钢构件是按有效安全系数 1.5 ~ 2，包括选择荷载和材料强度因子来确定其尺寸的。由于过载的原因，在理想情况下，三个构件中出现一个构件损失，将把荷载 P_{trans} 从破坏构件传递到另外两构件的每一根上。

$$P_{trans} = \frac{1}{2}\gamma P_0 \text{with} \gamma = \frac{R}{P_0} \qquad (9.1)$$

式中，P_0 为每根构件未经修正的设计荷载，γ 为安全系数，R 为极限抗力。当安全系数 $\gamma = 1.5$ 时，剩余两构件将承受：

$$P = P_0 + P_{trans} = P_0 \left(1 + \frac{\gamma}{2}\right) = 1.75 P_0 \qquad (9.2)$$

这可能会超出其最大抗力。为给系统提供足够抗力，因此需要更高的安全系数。在手头的理论例子中，作为最小值，$\gamma = 2.0$。

这并未解释可能伴随事件出现的许多情况：

- 多个构件可能会承受高于设计荷载 P_0 的荷载。
- 冲击效应可能会伴随主构件的突然破裂／压曲。
- 剩余构件可能会处于结构系统内的位置上，并承受高出其所分担破坏构件的极限荷载。无破坏构件的修正过的结构体系将具有不同的内力模式，可能会将剩余构件置于相对不利的地位。

如果出现缺陷情况，事情也许并没那么糟糕，因为，由于缺陷的原因，有缺陷的构件将会在比其理论极限抗力更低的荷载下出现破坏。还因缺陷的定量效应通常是未知的，这样，以同样的原因把其作为过载事件来考虑可能会更为谨慎。

从形态特征上讲，空间桁架的关键斜构件的情况类似于木搁栅的情况：多荷载路径和（相对）脆性的构件。这里的基本区别是定量问题，而且，由于分散性大，在木材的力学特性中，特别是在主要用于搁栅楼板施工的锯材中，人们发现了这一点。从强度减小系数来说，这已导致了比钢高出许多的安全边际量，这对于更大的强度储备是很重要的。

$$强度储备 = 强度 - 设计荷载 = （设计荷载）\cdot（\gamma - 1） \tag{9.3}$$

采用强度和荷载的标称值，人们发现：对于标称钢结构，$\gamma - 1 \approx 60\%$，对于钢筋混凝土，$70\% < (\gamma - 1) < 100\%$，这取决于内力组合（弯曲，压缩剪切，等），对于木材，$(\gamma - 1) \approx 200\%$或大约如此。

弯曲的木材在脆性上也大大低于有高纤细度的钢构件，或具有弱的端部连接。

9.11 悬挂构件（多荷载路径）

在许多情况下，结构或其他重物的部件由悬挂构件所支撑，比如拉索、拉杆、链条等。因为没有压曲问题，悬挂构件通常在横断面上都比较小，并用具有良好延性特性的金属做成。

对于像疲劳、冲击、腐蚀（在某些金属中会受永久抗拉应力强化）、磨损，和不论是故意或非故意的破坏作用，以及任何类型的缺陷，它们也都是非常容易受到伤害的。

在同一类别中，人们可以把起抗拉作用的紧固件、吊桥的拉索和悬挂构件、斜拉索结构的支撑件，以及最终桁架中的受拉斜构件都考虑在内。

所有这些应用的共同点是：抗拉构件位于主力路径上，如果主力路径不是唯一路径，且其破裂具有非常严重的后果的话，至少在涉及重力荷载的所有力都受控的条件下，或就结构响应方面任何荷载都是不变的情况下是这样的。

一条适用于此情况的古老规则是："一个钉子等于没有钉子"，或者对于所受教育为铆接钢组件的老一辈工程师来说："一个铆钉等于没有铆钉"，后来修正为："一个螺栓等于没有螺栓"。这种说法很有道理，且没有一本钢结构手册会说连接只依赖于一个螺栓。

问题是：类似情况可以在多种伪装下出现，而重大事故一直都与这种情况有关。

设想一下：建筑师想要其建筑物大堂里没有支柱，以便产生一种雄伟壮丽的效果。那么听话的工程师将被迫从上方悬挂阳台、部分楼面等，从而形成悬挂状况。这里讲一个恐怖故事：悬挂构件没有建筑的其余部分的特征，它可能被隐藏在墙内或被变相掩饰起来了。这时进来了一位电工，他不得不将他的一些"意大利面条"（"电线"——译者注）穿过墙去，他需要在已完工一段时间的结构物即墙上开孔，但其实孔已经在那里了，可能只是被掩藏起来了。

很容易想到同样恐怖的情况，包括例如受焊珠或加热超出了冷拔强度损失点损害的高强钢构件，或被蹭在上面的什么东西擦伤了高强钢构件。二次弯矩可能会——出现比设计荷载低得多的重复加载而未被注意——导致疲劳，事实上，这相当于遭受了突然破裂后的强度和延性损失。腐蚀可能会随时间推移减小安全边际量。

对所有这些问题的答案都非常直接：别孤注一掷（别把所有的鸡蛋都放在同一个篮子

里），换句话说：遵循常识规则，提供多个构件。

$$\text{强度（所有平行构件 -1）} > \text{所要求的最小能力} \tag{9.4}$$

最小能力可能比建筑规范规定的设计极限状态略低，但仍然应包括某些安全边际量，以便涵盖其他不测事件。平行提供两个或多个构件并不会非常昂贵，因为通常来说，并不会耗费多少材料。还有，如果提供两个以上的构件，额外的——可消耗的——构件仅有很小的差异。当该方法不起作用时，接下来要考虑的最佳事情可能是提供额外的强度或大小，以便小的缺陷比如电工在墙上开孔将不会是致命的。

关于桁架桥，一个拱形顶或底弦杆将极大地减小斜构件的重要性，而即便其中一个斜构件受损，桥梁可能还会幸存下来。

9.12 结构玻璃

玻璃是典型的脆性材料。受短期张拉或弯曲作用，它表现出线性弹性性状直至出现破裂。破裂可由不同的方式及多种原因引发；在有抗拉应力存在的地方，破裂传播极快，并可能——依结构系统的不同——导致结构构件破坏。

玻璃一直都是一种建筑材料。然而，直到最近，其结构应用一直非常有限。用于窗户的竖直窗格承担了平面压缩中的自重。只有在横向力比如风力影响时，才须承受挠曲作用。窗格玻璃通常是单独支撑的，这样它们并不需要承受来自上方的压缩荷载。用于适度斜坡屋顶的玻璃窗格，其设计须承受雪荷载，这再次意味着窗格玻璃弯曲。只要窗格玻璃的尺寸保持在一定限度内，窗格玻璃破坏的后果相对来说就不太过分，且通常能被人们接受。

现代建筑已将玻璃的用途拓展到几个方向上 [2, 17, 19, 21]：

- 窗户窗格变得更大，达到生产过程所施加的极限。
- 外墙变得更高。甚至小的窗格玻璃破坏会造成严重后果。
- 玻璃屋顶须能让人接近，便于清洁和维护，即它们须能承受约 1kN 的单一荷载。
- 玻璃楼面可让行人或车辆交通所用，可以照明甚至从下面观景。
- 玻璃用于楼梯、墙体、梁和支柱，即作为结构构件，在建筑物内具有局部甚至是整体支撑功能。

作为结构玻璃，对后几种应用进行了小结 [7]，而类似或相当的要求适用于具有其他材料比如钢或混凝土的结构构件。

为了提供坚固性，有几个基本途径：

- 通过增大厚度或用更好的质量来提供强度。玻璃的统计强度拥有比绝大多数材料更大的分散性，同时在许多情况下有一些"坏"的碎片须得被认为是可以接受的。质量控制措施可减小破坏的频率和风险。
- 在钢化玻璃中，从表面消除了抗力应力区，而表面上的绝大多数裂纹是由于缺陷或磨损所引发的，并通过由加热和冷却过程产生的内应力条件传递到内部。这会使强度增大。

● 夹层的安全玻璃已证明是高度暴露的许多应用情况的合适选择，比如这些情况有车辆的挡风玻璃、玻璃楼面、楼梯等。将界面之间夹有更软材料的两块或多块板复合连接在一起。很有意思的是，通常大多数从具有冲击力的接触面移出的板出现破裂；而正是它承受了抗力应力。还必须注意到：对于永久性或长期荷载下玻璃板单个起作用而不再作为复合物的情况，则这一点并不成立。

常用的玻璃类型为浮法玻璃、热增强玻璃和钢化玻璃 [8，18]。

浮法玻璃冷却缓慢，从而最大限度地减小残余和局部应力。就坚固性而言，这意味着：通过加载，在表面上的抗拉强度可能会达到，但裂缝的传播会更慢，因而在许多应用中会得到令人满意的整体性状。

热增强玻璃和钢化玻璃在表面上加热并迅速冷却。当依次冷却并想收缩以抵抗外部区时，这在核心部分就产生了抗拉应力；由于先前已冷却和硬化，因此外部区是受压的。由于存在面外荷载所导致的弯曲应力被叠加在本"预应力"的应力状态，所以表面裂缝仅在表面应力受拉时才会出现。依热处理协议的不同，破损特征有很大的变化，特别是牵涉到碎片的典型尺寸大小，但破损总是很突然而且毫无预警。

将窗格玻璃分层，构成多个窗格的复合横断面，则玻璃构件的坚固性和强度会大量增加。作为一个夹层，使用了聚乙烯醇缩丁醛（PVB）片材，它表现出了粘弹性性状 [20]。由于随着大的极限应变的变化，PVB- 箔并不只起抗剪作用，而且还起抗拉作用，分层玻璃表现出一个根本不同的性状。图 9.13 表示由两层等厚度的玻璃组成的窗格的三个阶段。只要两层是原封未动的，窗格玻璃就处于第一阶段。对于短期荷载，抗剪刚度很高，而对于长期荷载，它主要随温度而变化。作为一种简化，可以假定针对短期荷载的平面应变即完美的复合作用。另一方面，对于实用目的，并不存在长期荷载的复合作用。随着弯曲增大，张力最终到达抗拉强度表面，并出现破裂，达到第二阶段。现在，上层须承受整体弯矩，直至在 PVB- 箔界面上也达到该抗拉强度。有了浮法玻璃，出现的裂缝则限制在受拉作用区，而上部区仍然起受压作用（第三阶段）。PVB- 箔现在所起的作用就像混凝土中受拉钢筋的作用。如图 9.14（a）所示，可以达到一个很大的曲率。像混

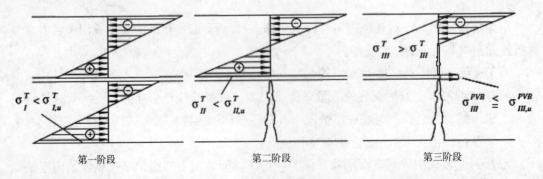

第一阶段   第二阶段   第三阶段

图 9.13 具有相关应力分布的挠曲性状的三个阶段，即第一阶段、第二阶段和第三阶段（根据 [9]）

凝土板中的情况一样，大的转动将会集中，构成屈服线（图9.14（b））。进一步细节在参考文献[9]中给出。

(a)  (b)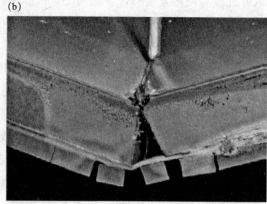

图9.14 断裂分层安全玻璃
（a）已达到曲率；（b）在屈服线上的集中曲率（由A.科特供稿）

作为结论，可以说：在所有情况下，都应运用分层浮法玻璃，特别是当玻璃要具有结构功能，而破坏抑或掉落的碎片会危及生命与肢体的情况，更要这样。

9.13 织物结构

经过几次高调应用，比如1972年慕尼黑奥林匹克运动会体育场、沙特吉达国际机场的哈吉候机楼等，用织物做成的抗拉屋顶结构变得非常受欢迎。作为该行业的习惯做法，每位建筑者都希望超过其前任，建造出规模更宏伟、质量更上乘的作品。这是符合逻辑的，因为每项新技术都会从实际应用中了解到其局限，换句话说，根据一对一的模型或原型，不能足够精确地了解现实情况并针对数字（计算）或模拟（比例模型）分析来进行有代表性模拟。

这种事情最令人印象深刻的例子之一是蒙特利尔奥林匹克体育场的屋顶，它倒塌了两次，足够戏剧性的是每次都是整个屋顶全部更换。

第一次的屋顶是用克维拉（Kevlar）织物建造的（由氢键使芳香族聚酰酪绳索结合在一起）。它在夏天的一次雷暴中被撕裂了，从所记录的风速来说并无异样；专家们发现：与破坏有关的关键事件是微爆气流，即嵌入暴风雨中的局部现象。

在更换第一次的屋顶时，有人谴责当时太冒险，所以第二次的屋顶用的是嵌入在基体中的玻璃纤维织物。在一次降雪后有某些融雪水集聚在屋顶相对平坦的部分，导致屋顶被严重撕裂。尽管屋顶再次被修复，却备受责难，而体育馆在雪季也没能投入使用。

与坚固性有关或缺失坚固性的该案例有如下显著特征：

● 蒙特利尔体育场屋顶是迄今为止其所建类型中最大的，比同类大许多。
● 它处于气候条件相对恶劣的地区。
● 在两例中它都是用具有极端脆性性质的织物建造的。

- 没有尝试去补偿或减缓基础材料的脆性效应。

织物的脆性（还存在有不同特性的其他织物，但这里由于其他原因比如蠕变和缺乏耐久性而没有使用）是有许多原因的，可以单独进行讨论，当然，其复合效应对于结构系统的性能起了决定性作用：

- 织物完全缺乏延性。
- 织物编织紧密。在松散编织的织物中，单个丝线尽管可能由脆性材料做成，却可通过拉直拉伸，并使其进行重新布置，这样，结构系统即织物就变得比丝线自身在直接张拉时不那么有脆性。
- 在织物结构中，膜的所有部分必须或应该在两个方向上处于受拉状态，这样就防止织物产生褶皱，从而可使丝线调整其长度并通过聚集起来而团结一致。
- 缺乏强线比如用更强的和/或更有延性的材料（钢，铝等）做成的加筋连接线，或嵌入缆绳，它们可防止渐进（拉链型）破坏。

就织物的材料性能而言，需要确定和试验两个值，它们还都会受到老化的影响：

- 抗拉强度。必须以谨慎均衡的方式进行试验，不要受其他更重要的事情所影响。
- 撕裂强度（德语是 *Weiterreissfestigkeit*），其特殊试验方法已标准化了（ASTM D4851，D1424，D2261）。具有典型意义的是：撕裂强度用力而不是用每单位宽度的力来表示。需要有代表性的力来传播撕裂，而对于脆性型材料，实际上该力可以非常低，这样，它们可以用手撕裂。老一辈的人可能记得：在绸布店，售货员都是用手撕开绸布，绸布是很强劲的但也是非常脆性的织物。

因此，织物结构具有相当常见的坚固性问题，就像在蒙特利尔奥林匹克体育场的案例中所了解到的那样——在经历了两种不同的气候事件与两次不同的织物破坏之后，织物形式的屋顶最终被废弃了，取而代之的是固定金属板式屋顶。从所记录的强度来说，这两次事件都大大低于预料或规范规定的水平。而在这两例中，设计所用的确定必要的抗拉强度的安全系数大约为3到4，这与计算的应力有关，但破坏却以拉链式出现，这是具有脆性构件的多荷载路径系统中所预料的情况。

其他织物结构的破坏说明：对于某一相对较新的而且是在真实条件下正在试验的技术，对其局限性和特征的了解仍是不明确的，至少在量化方面是这样。

改进织物屋顶坚固性的选择策略包括两种方法：

- 使织物更易拉伸，以便单根丝线可以一致承受抗拉力，而不出现拉链式形式的相继破裂。
- 提供强带/线/区，这样就能阻止破裂出现（见第6.6节）。小的缺陷将始终会出现，作为应力提升器来传播拉链破坏。坚固性的目标就是限制破裂的程度和范围。

9.14　模板支架及脚手架——常见的破坏类型

持续出现的一个著名而又臭名昭著的事故包括在新拌混凝土重力作用下脚手架的垮塌

（见图 9.15）。在绝大多数情况下，其描述都是非常典型的，可以用一个特征清单来进行小结，其中大多数都是过去破坏的罪魁祸首，并且还在持续不断地进行着：

图 9.15 混凝土浇筑过程中楼板脚手架破坏

- 工程实施处于竞争性和利润驱动的环境下，导致了时间压力、最小限度的监理及质量控制。
- 出于同样考虑，重复使用磨损的、变形的和破坏的材料制作不稳固的组件，其荷载路径含有应力集中，不可预见的偏心，不均衡和不对称荷载，弱化的材料和构件。
- 设计说明，如果存在的话，通常会包括完美定线的假定的理想情况，并将重力考虑为荷载的唯一来源。
- 荷载通过设置在各自顶部的一系列构件传递，而构件就位仅仅依靠接触压力和摩擦力。
- 构件自身（梁、竖向支撑）通常很轻很纤细，所提供的支撑又间隔太远，且只使用了单个螺栓组件来连接，常常涉及铰式零件和松动，这样，在抗力出现之前就允许有很大的移动。
- 竖向支撑由多根纤细支柱构成，当出现过载时它们会以脆性方式作出反应。大量构件及连接构造会使整体易受忽略（丢失螺栓、插销或其他不足），考虑到构件的脆性特征，其中任何一个都有可能引发渐进破坏。
- 结构是临时的——仅可能在一天左右的时间是可以有效加载的，直至混凝土已获足够的强度——这助长了一种态度：对安全边际量的某些宽容似乎就呈现在眼前。建筑规范通常并不涉及这类临时结构。
- 混凝土浇筑和硬化期间的加载情况包括分力，但不包括重力漂移引起的新拌混凝土的垂直、横向位移或设备移动。常常是：浇筑的混凝土并不构成一个水平板，但模板却是斜置的，其支撑构件也是斜置的，这样，对于以一定角度朝向斜坡的梁，将会导致沿弱轴的弯曲，以及工字梁中腹板自身的弯曲（见图 9.16）。通常腹板非常薄且无加劲构件，这样，横向压曲就是临界失稳模式之一。

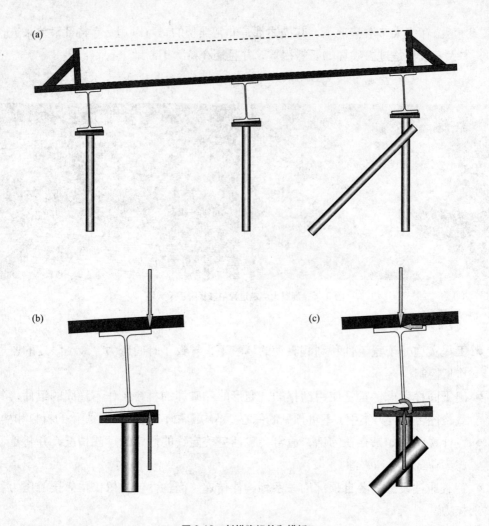

图 9.16   斜拱腹组件和模板

(a) 总图。因 (b) 造成梁的横向弯曲；(b) 不合格的楔块或楔块丢失；(c) 水平力的传递

- 垂直支撑件的调整不精确，以及加载后土的可变响应，都将导致某些构件的不均衡加载。然而，设计说明通常假定荷载都由所有荷载路径均衡地分担。

- 支撑通常只提供给了竖向支撑件，但未提供给结构物的顶部，而顶部是由纤细的或多或少成直角分为两层放置的梁组成的。有时候，它们由靠近下翼缘的弯钉子或夹子松散地固定到位，但常常是没有提供其他构件来抵抗侧向力。

- 通常，组件包括或由重复使用许多次的专有材料组成。这已导致了一种错觉，即：反复使用多次还能起作用的东西，这次也将能起作用，人们忘记了在许多参数和环境下似乎很微小的差别。"水杯落地就摔碎"（如出现事故则无法挽回）——涉及一个杯子的事可能并没那么可怕——然而，换成脚手架组件破坏，那可是人命关天的大事。

鉴于这种冗长的不良情况，容易理解脚手架垮塌的持久恶名是怎么产生的了。不难找出对于各种病害的补救措施，但却要花费成本，这将会吃掉某人的利润。

通常，一场事故可用来说服与之直接有关的人员和公司，采取措施来处理大量病害。然而，若干年过后，或在不同的地方，公司、人员和情况将会发生改变，问题的记忆则会消退或消失。

最严重的单一缺陷通常是缺少横向抗力和稳定性。与新拌混凝土的重力相比，侧向力可能很小，但由于上述所探讨过的众多原因，它们将始终会存在。我们在孩童时起就已认识到：积木数量、堆放精确性和松散性都是有限度的，且不能让整个塔楼倒下。现代脚手架组件常常类似很久以前的游戏塔，其相似性不是在规模上而是在系统特性上。小孩玩的积木边角都是圆的，面部略鼓，而脚手架组件的钢、铝或木梁由于磨损和胡乱处置，具有相同的基本特性。由于小孩的手对电机的控制度有限，造成堆放精度缺乏；而在脚手架组件中，由于缺乏注意力和细心，弯曲、变形、磨损、不合适或不一致的构件，螺纹非正常工作，就产生了不垂直和不成直线的问题。

以下三种方法可提供该问题的绝大多数答案：

- 连接过紧

提供连接，不允许或允许最小移动／松动。这将极大地减小组件的摇摆，并提供稳定性及二次（即侧向）力的抗力。

- 减小构件纤细度

对于垂直支撑，这可通过降低横拉条的间距，或通过加大支柱直径来实现。对于横向压曲或倾覆为关键破坏模式的梁而言，可采用横向构件，类似于木搁栅或更坚固的构件。由于在大多数情况下，脚手架是由专有构件组成的，要提供在供货商的工具包里还没有的额外特点，将会是很麻烦的。此时，唯一的选择可能是减小支撑构件的间距以便提供更多强度。

- 提供横拉条

这通常通过将拉索或斜杆安装在脚手架顶部来实现，直接将脚手架与刚性构件比如混凝土或已建的钢结构连起来，或经辅助基础或锚固件与地基相连。由于横向荷载的起始点几乎都在模板的表面，横拉条必须安装在此标高上。还必须并始终要记住：要尽量承受的侧向力可在任何方向起作用，这是无法根据其从属性质来定量预测的，而且还经常是呈动态和电击样特性。

腹板压屈也一直是脚手架破坏的主要原因。横向移动伴随着它，使得其影响与在弱轴中的弯曲和横向压曲中的情况类似。经常发现：事件的详细描述都是上述三者的结合。

因此，对于坚固性组件的设计，必须对力路径上的每一构件给予审慎考虑，当然，对于所有可能的荷载，都要提供力路径。

作为一个例子，考虑一个组件，其梁的顶层以直角放置在拱腹的斜面上，例如斜面坡度为5%，即1/20（见图9.16）。因此，梁将以该角度倾斜，所施加的重力的5%的分力将跨越上翼缘起作用。必须对此增加一个力的增量，来表示发生在顶部的风的影响，以及在荷载上或在组件自身的不对称性导致的重力漂移。如果所有这些横向荷载必须通过（通常是非常纤细的）梁的腹板的话，由于变形和磨损，梁可能已经被削弱了，那么，很明显的是：存在一个关键情况，即要求有一额外的荷载路径，从而将横向荷载从梁的腹板上释放掉。

在材料和构件有多种用途的情况下，在第一章中探讨过的保持坚固性的问题就成了一个关键要素。建筑现场作为一个粗糙的地方，每个组件及组件拆除都将伴随有某些退化，某些部件会比其他部件受到更多影响。通常留给下属人员挑选和消除这样的材料：破坏的、开裂的、断裂的、磨损的、弯曲的、撕裂的、腐烂的、腐蚀的或在其他方面有缺陷的，同时伴随有采用容差的隐性激励，因为每个被扔掉的部件都代表着对公司的一种损失。对组件的检验应该提供有关该趋势的检查，但事实上，常常很难或几乎不可能去彻底执行，因为没钱，更重要的是没时间这么做。典型情况是期望检验员查看工程，并在一个下午或一天时间内给予批准——已穿过一片支柱森林的任何人都知道：那里是黑的，在成千上万的构件中，许多都是部分或全部被遮挡了的。一位经验丰富的检验员会知道该在何时何地查看，但经验丰富的检验员是罕见的而且来之不易，他们也期望有报酬。

这里的重点不是哀叹这些情况，因为它们很难在将来有所改变，而重点是找到和利用减缓或消除其后果的措施，换句话说，就是在面临不利情况时，赋予系统以足够的坚固性。与在典型的脚手架组件的迷宫中检测缺陷和缺陷相比，这些措施将可能会更容易进行检查和纠正。

在一次最近的脚手架破坏例子中，法医学调查发现：上文探讨过的几乎所有特征都在不同程度上存在，从而导致了倒塌。组件的最顶层无支撑或水平支撑，即已安装的拱腹型式开始出现水平移动，当时，巨大楼板的大约 1/3 的混凝土才浇筑完，正开始振捣时，却引发了工程大部分的摇摆运动。

总结该典型案例的本质，表现明显的是：结构物固有缺陷的问题，以及存在着横向荷载和力不可预测的问题，并且都非常突出。解决办法在于提供额外的力路径，从而能承受这些荷载。一旦处理好了横向失稳和抗力问题，多片平行梁和竖向支撑现在就能履行其职责，即支撑重力，而不会被它们本不适合于承受的分力所损害。

9.15 破坏行动，如何减小其影响

最近一些恐怖袭击瞄准了建筑物，通过借助大量炸药把结构物的大部分摧毁掉，导致大面积垮塌。世界政治本就这样，它们将不可能停留在可预见的将来，而可能波及任何建筑物，首先是那些突出的有代表性的建筑物，比如大使馆、权力机关和财政机关等，在那里，可以造成大型和具有新闻价值的生命和财产损失。在本章中，将探讨炸药对地面楼层的袭击，因为某些其他事件，比如纽约的世界贸易中心（"9·11"事件），已有详尽的法医学调查及改进建筑设计的研究。

故意毁坏建筑物和其他结构物，主要是通过摧毁基本结构构件比如利用炸药炸掉支柱，将仍然是一个首选的方法，只要这些构件容易接近以及容易用相对小量的炸药或笨拙的技

术来摧毁就行。这样既便宜又能达到目的，即便是对于没有大量财力支持的一小撮个体来说，也能造成巨大浩劫及生命和财产的重大损失。该采取何种方式和方法来应对这种令人遗憾的事情，这确实很值得人们去反思。

就防御措施的类型可以列出一个清单，其中某些并不涉及结构本身，比如挡板、栅栏、障碍、看门狗、监测仪、报警系统等。它们在一定条件下工作，但在其他条件下则不工作。冒险文献中充斥着大量故事，讲述主人公和他狡猾的超人如何努力克服防卫者的计谋，并渗透到其目标的核心的冒险经历。但在我们的例子中，主人公站在我们的对立面，被称为破坏者、恐怖分子或罪犯。

作为非结构性的看门狗和报警系统，我们假定：该情况包括主人公／破坏者已经渗透到足够靠近他的地方来实施袭击，假定还配有炸药、撞击或其他类似手段，也许其技术并不完善，但只要不限定时间，他就能实施袭击，并具有足够的影响来摧毁像支柱、如同房间大小的一面墙的结构构件。具有典型意义的是：这将会是在地面楼层，而受攻击的构件将被选来产生最大的效果，而此选择可能并不基于对受攻击的对象有多了解。这让人想到了诱饵的概念，来作为减缓威胁的一种方法。当对内部情况很了解以后，诱饵本身可能并不很有效，但组合了障碍物或牺牲防护构件后，它们可能会变成一件有用的防御工具，使攻击偏离真正的目标，即高级结构构件之一——在本例中，最有可能的就是支柱。

在未探讨防御工事经典理论应用的情况下，在面临或多或少不那么有技能的恐怖分子袭击时，结构存续原理可总结为下列方式：

通过设置障碍、伪装、诱饵、可牺牲的防护栅栏、围墙或可牺牲的非结构性材料层等，尽量使接近基础结构构件变得困难。爆炸中心与结构构件的硬表面之间距离越大，则到达其目标的冲击作用衰减越多。当空间中填充了需要能量投入才能摧毁的材料时，就更是这样了：从结构本身所承受的冲击作用中，该能量将被扣除，所以冲击作用在通往目标的道路上就被削弱了。

使用材料和结构构造给主结构构件自身提供韧性，从而使破坏变得困难。典型做法是：重型钢筋混凝土或复合钢／混凝土构件（例如钢套管充填混凝土，或钢结构构件浇筑在钢筋混凝土中）很难被摧毁，需将炸药进行特殊配置和放置才有效，但这要求有专门的知识和技能，并且很耗费时间，这些可能都是袭击者通常所不具备的。从第二次世界大战中了解到：如果炸药不是以适当方式精确放置的话，即使药量再大，对这类构件也不起作用。

在可能的情况下，提供两重或多重荷载路径。这并不总是容易与建筑和功能要求（通透性、开阔性等）达成一致，但如果从一开始就作为概念的一个组成部分，就可能得到可接受的特性。例如，柱廊或多根支柱的群组，使群组间跨距更大，这样，实施有效破坏就非常困难，因为需要花费多倍的能量去摧毁一根支柱、摧毁一整个群组，而群组中的单根构件是有间隔的，比如说间隔1.5m。即使群组中有一到两根构件被拿掉了，在第二层楼板结构中提供额外强度也是相当便宜的，这样，剩余构件会支撑该建筑物——尽管减小了安全边际量——直到维修可以进行的时候。

　　对关键构件提供额外强度。对处于高位的结构层次、并暴露于攻击（地面楼层）之下的结构构件提供补充强度，这符合非常古老的建筑原理，即该原理期望：关键构件（基础、拱顶石等）具备更高的强度和质量标准，这样建筑者能依靠它们提供比不太重要的构件更多的可靠性。

　　钢筋混凝土墙比支柱更难摧毁，条件是：通过开敞或能退让（摧毁围墙构件）的表面，把爆炸产生的压力释放到其他地方去。

第10章 实例

10.1 历史建筑的结构完整性

本案例探讨的是位于中等地震风险区（加拿大蒙特利尔）的19世纪的综合建筑设施。这些建筑物是为"慈悲的姐妹"（Soeurs de Miséricorde）而建，年代介于19世纪60~80年代之间，采用的是当时可获得的材料，即做墙用的石头和做水平构件及支柱用的木料。据报道：绝大多数材料都是捐赠的，但这并未很好地表现在原始施工质量上。

在其历史过程中，这些建筑物经受了许多大大小小的改造，绝大多数都与几代机电系统的安装有关。某些改造欠妥当，所以使结构物处于严重退化的状态，导致在该风格的建筑物上出现了常见的警告标志：凸肚墙，开始压曲和碎裂，楼面下垂，楼板搁栅断裂，必须使用支撑，而且，由于其状况变得过于令人不安，建筑物的某些部分须疏散撤离和废弃使用。

一度存在的坚固性或部分坚固性现在已明显丧失了。其基本意义上的结构完整性也不复存在，与墙体相连的楼面结构现在也仅仅只存在着摩擦接触。在许多地方，发现搁栅和楼板梁逐渐从其支座上滑出，使得墙体成为两层或多层楼高的实际自立结构（见图10.1）。

对具有一定传统价值的建筑物，则延缓拆除，并加以研究以便确定修复及安装新的公用设施的潜在费用等情况。

修复将集中在重建结构完整性、稳定性和坚固性以及改进抗震性能等方面。除了修复断裂、破坏或退化构件外，还将包括安装具有某些延性的拉杆，将楼面结构锚固进墙体中（见图10.2）、某些呈垂直电梯形式的额外的抗剪墙中，以及发现既有墙体缺乏支撑地震荷载足够强度的混凝土楼梯间里。

楼面装饰可用来形成具有某些标称加筋的隔板。额外的重量可能须通过复合作用或减小活荷载来补偿。当然，从一致和可靠的连贯性方面来说，结构的完整性是关注的中心，如上文所述，它对于世界上绝大多数地方数量庞大

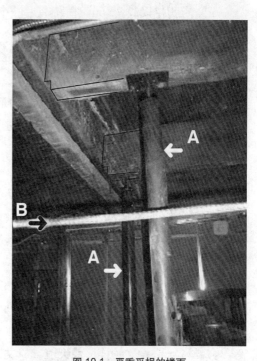

图10.1 严重受损的楼面

(a) 搁栅失去支撑后的支柱；(b) 防止墙体运动的拉杆

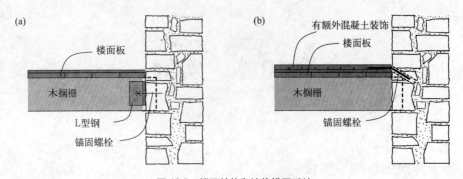

图 10.2   楼面结构和墙体锚固系统
(a) 有原始楼面标高； (b) 有额外混凝土装饰

的古老建筑具有典型意义，坚固性策略的选择相当简单和直接：楼板和墙体的连接只剩下摩擦接触的建筑物将会继续碎裂，单个结构构件在重力影响下缓慢地单独移动，但在地震期间则快速移动。因此，任何修复必须注重将各类垂直和水平构件捆绑在一起。

10.2   岩溶环境下的明挖法

相比老铁路线，阿德勒隧道（Adler Tunnel）构成了穿过阿尔卑斯山从巴塞尔（Basel）往南到瑞士中部的一条更直接的线路。隧道由 4.3km 长的核心暗挖段和在两端的明挖段组成。参考文献 [5] 中给出了含有设计及施工的项目概述。

西部的明挖段长 750m，横跨最后一个冰河期后由莱茵河沉积物形成的砾石河床。砾石下为三叠纪强岩溶石灰岩层，称为 Muschelkalk（介壳灰岩）。这导致出现了落水洞和大面积下陷。在最近 40 年中，大约形成了 20 个直径在 5 ～ 10m 之间的新的落水洞。根据一份岩土工程报告的汇总估算，直径达 22m、深达 5m 的落水洞可在几小时之内形成，直径达 100m 的地面下陷，以每年 10mm 的下沉速度扩展。

在所谓的利用方案中，作为该隧道的业主和运营机构的瑞士联邦铁路局规定了下列使用要求：

- 规划使用寿命至少 150 年。
- 需要长时间封闭线路进行部分更换作业的时间不得早于前 100 年。
- 目前限速 160km/h，将来限速 200km/h。
- 限制性维护时间表考虑了当时的状况,股道数量（单线或全封闭）以及时间间隔（日、周、月、年封闭）。
- 接受局部湿润，不接受可能会结冰的滴水。
- 最小可接受的下沉曲线半径：5000m。
- 最大下沉：250mm。
- 跨落水洞桥梁的挠曲最大值（原文缺少该值 - 译者著）。

通过设计一个坚固的结构，这些要求多数都能得到满足。

很显然，缓慢出现的下陷可通过设计具有必要的额外空间的横断面来加以考虑，这些空间可以允许线路进行调整（监测、修正）。然而，突然出现的落水洞应采用隧道桥接，起到刚性管道的作用（强度）。

在本例中，坚固性不仅意味着满足最终要求，而且要满足正常使用的极限状态要求（刚度考虑）。

除了明挖法隧道上的通常荷载外，还考虑了下列情况：

- 以每年 10mm 平均速度以及每年 200mm 的最大速度缓慢扩大的大面积下陷。这些都是由于更大深度的洞穴坍塌造成的。
- 喀斯特洞穴的表面坍塌导致了直达地表或隧道标高的坑口。

在这两种情况下，在合理的经济限制范围内不可能进行可靠的检测和随后的回填。因此，对上述情况进行了数值评估，以便将它们作为灾害情况纳入结构分析中。图 10.3 表示标准化下陷（正弦形状及具有集中曲率）和标准化球形落水洞的两种类型。在几小时内，落水洞就可能会以隧道为中心或呈偏心出现。因此，设计过程中的高精度就没必要了，因为情况的说明必须依赖于岩土工程知识和经验。

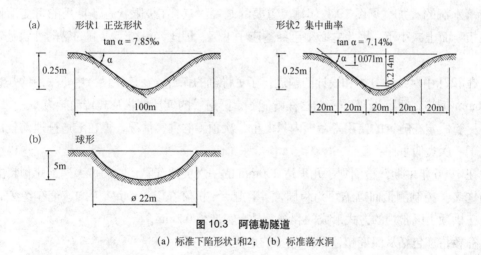

图 10.3 阿德勒隧道
(a) 标准下陷形状1和2; (b) 标准落水洞

为了弥合任何位置的局部落水洞，选择了在有危险的整个长度之上的单片管。任何节头或活节都会损害桥接效果。

所选结构为一个弹性支承的管状梁。对于更长的下陷，管将会随着下沉而变形。这种情况可作为正常使用问题来处理；变形导致裂缝，且至多在塑性铰上，但破坏并不会出现 [见图 10.4 (b)]

对于落水洞（较小规模下陷），隧道必须桥接通过，并起一个管状桥的作用 [见图 10.4 (c)]

非常可能的是：深层洞穴的坍塌和随后的下陷将会导致在小深度上的洞穴破坏，并同时导致落水洞的形成。因此，需要考虑的相关的和最合乎情理的情况是一个典型的下陷和

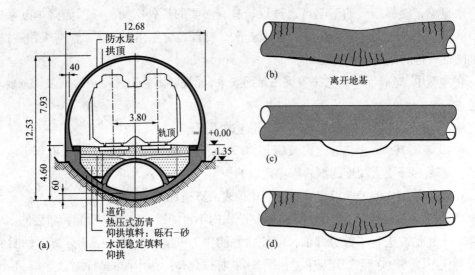

图 10.4 阿德勒隧道

(a) 隧道的典型断面。结构特性的基本情况； (b) 大范围长期下陷； (c) 落水洞； (d) 有落水洞的下陷[22]

一个落水洞的叠加［见图 10.4 (d)］。重要的是要注意：在极限状态，可用的可变形性在相关横断面上减小了，因为它必须已经适应了下沉。因此，横跨落水洞的管的性状是延性较低。

在 [22] 中对结构分析和设计问题进行了更详细的探讨。在最终设计中，采用的是直径为 26mm 钢筋，间距为 150mm。这样就能确定隧道管的延性性状及其转动能力。

尽管假定在隧道的使用寿命期内只发生一次预测的灾害情况，但在隧道开通前就已经出现了一次类似事件：

在 1996 年中期，检测到了几乎达 200mm 的一次突然沉降，它的扩大速度比预料的要高出许多。控制测量间隔缩短为两周，并且显示：沉降在以 1 mm/4 天的速度在继续。特别是在拱顶上以常规的方式形成的裂缝，最大宽度为 0.2mm。

补救措施包括从深度超过 60m 之上的地面进行注浆。

10.3 受列车运行影响的防雪崩坑道

在瑞士中部，横穿阿尔卑斯山的圣哥达公路（St. Gotthard auto route），沿着格舍嫩和安德马特地区（Goschenen 和 Andermatt）之间的绍勒嫩峡谷（Schollenen gorge）穿行。当地的窄轨铁路必须克服同样的障碍，采用齿条在陡坡段运行。通常，公路和铁路单独运行，但是同一条坑道服务着这两条线，需要防止这两条线被雪堆和小雪崩阻塞（见图 10.5）

这条称为纳塞凯尔的坑道建于 1984 ～ 1986 年间，是一个复合结构，由混凝土背墙、钢支柱和钢梁组成，上面覆盖着预制肋混凝土面板，顶部为现浇层（见图 10.6）。根据假定荷载的不同（见图 10.7），支柱与横梁之间的间隔在 4 ～ 6m 之间变化。

图 10.5　施工期间的纳塞凯尔（*Nasse Kehle*）防雪崩坑道

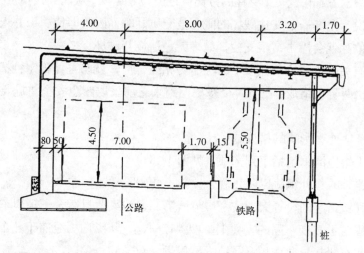

图 10.6　纳塞凯尔（*Nasse Kehle*）防雪崩坑道；横断面（m，cm，根据 [23]）

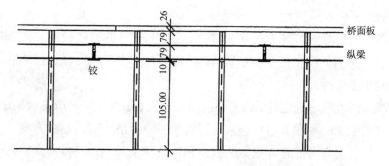

图 10.7　纳塞凯尔（*Nasse Kehle*）防雪崩坑道；纵视图截图（m，cm，根据 [23]）

支柱可能会受到脱轨列车或失控卡车造成的影响。

在概念设计阶段，决定不考虑作用于支柱上的冲击影响，但在正常线路范围内安装两条额外的钢轨以防止列车脱轨。然而，在详细设计阶段，在支柱的顶部提供了一片额外的纵梁，以便在出现冲击时，任何支柱的破坏不会使结构的其他部分出现过载。因此，支柱放置在铰上，并仅仅用小螺栓固定（见第6.9节：分离情况）。

由于受附近罗伊斯河规划的防洪措施的影响，2000年进行了一次结构检查，得到了如下结果：

- 从未安装额外的钢轨，因为与齿条在一起，它们会妨碍线路的日常维护，特别是冬天的除雪。
- 由于缺乏空间，公路和铁路线之间的人行道有护栏，只适合于轻型车辆通行。
- 基础的最大沉降达500mm。由于某些支柱没有正确对准基础的中心，而其他支柱偏离垂直度达2%，因而断定：沉降在坑道的施工期间已经开始，并且在运营期间还在继续。
- 根据每隔20m提供一个节缝的一般铰节概念，在支柱顶部的纵梁上也采用了铰接。由于铰被放置在中跨处，支柱的分离会过分拉紧纵梁，从而导致不可接受的大破坏。
- 通常来说，允许一个支柱破坏的概念是受质疑的，因为即使引擎并未再向前进，但仅仅是侧翻就会撞击多根支柱，最多就是造成其破坏。
- 与雪崩有关的水平力与挡墙上的土压力相组合后，就与整体稳定性标准不一致。

补救措施由两阶段组成：在下一个寒冬期到来之前采取紧急安全措施及一年后采取长期措施 [23-26]。

这里仅仅评估处理影响的措施。

可能的施工措施清单包括下列选项（见图10.8）：

1. 增加线路外的额外钢轨以防止脱轨，并不妨碍除雪（预防）。
2. 在公路和铁路之间设置大型安全屏障（第二道防线，只适合于轻型车）。
3. 纵断面固定于高度不同的支柱上，捆绑在一起，将纵向力分布于几个支柱上，并对脱轨机车车辆起导向作用（防撞支撑提供一致性）。
4. 通过额外的侧端板，将横梁和支柱之间改进的荷载传递传到支柱上（强度）。
5. 将支柱底部纳入混凝土墙中，改善支柱上部的受弯承载能力以及下部受直接冲击的抵抗力（强度和一致性）。
6. 沿铁路线的混凝土墙置于轨道下的板上，并与支柱的基础相连（第二道防线）。
7. 支柱之间的钢斜构件在支柱分离时起抗压作用（多荷载路径，但对进一步失衡的沉降则减小了延性）。
8. 在选项6的混凝土墙之外，设置路堤或大型岩石，并进一步改善横向稳定性（强度）

最后，选项1、3、4和6组合起来，得到了一个经济合适的解决方案，同时还能起防洪的作用。这样，就有可能将冲击力的概率和数量减至最小，并得到支柱在横向抗力方面最大的受弯承载能力，而又不减小整个系统纵向的整体挠度。

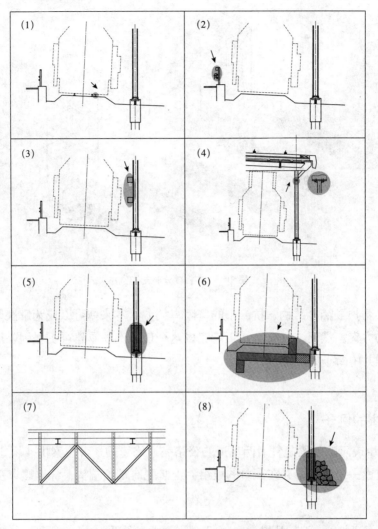

图 10.8　纳塞凯尔（*Nasse Kehle*）防雪崩坑道；改进支柱抗冲击
的安全性选项（根据 [24]）

10.4　车挡后面设置的柱子（分离与防护构件）

　　苏黎世中央铁路车站原来是作为终点站而建，在线路终点处设有车挡。在站房完工后，铁路需要临时办公室，就建在车站大厅支柱的高架位置上，支柱正好位于车挡的后面（见图 10.9）。

　　在概念设计中，考虑了机车超越线路端部并推走车挡的情况，确定了两个方案：

- 使车挡足够坚固。
- 将支柱作为分离构件，结构的上方通过两跨的桥接来提供第二道防线。

　　切合实际的考虑（后勤保障，费用等）导致选择第二方案，其结果就是在建筑物第二层的正面增加斜构件。支柱置于两端，设计的螺栓组件在低剪力时断裂。

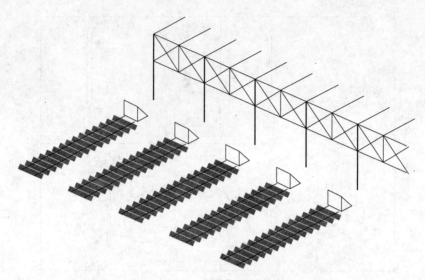

图 10.9　车挡或分离支柱

　　通过提供防护或牺牲结构，抗冲击的坚固车挡方案本来就可以成为解决坚固性问题相当直截了当的方案。然而，既有车挡不能完成这个任务，须重建得更坚固，而这牵涉到庞大的基础工程并中断车站的运营。

10.5　斜拉桥的例子

　　图 10.10 中表示的桥梁是针对两车道的公路交通修建的。各拉索由 4 根 3.5in（90mm）直径的杆件组成一个块体，并在简单的板组件上装配有螺纹端头、标准螺母及垫圈。

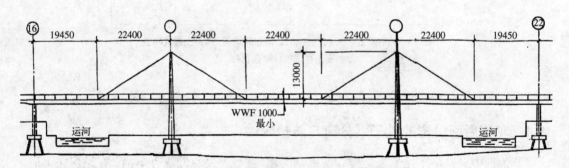

图 10.10　加拿大蒙特利尔蓬德艾尔斯斜拉桥

　　在一次夜间的严重暴雪中（$T = -20℃$），三个不同位置的三根单个杆件在连接点上出现断裂。诊断发现：破坏是由许多重要原因的综合影响造成的，最重要的原因是：

- 在暴雪期间，劣质钢经历了高于环境温度的脆性转变温度，使得钢材变脆。
- 螺纹切割不良。
- 底板部件限制了杆件转动，造成了二次弯曲应力。

- 极低阻尼。
- 背风杆件的尾流颤振（进出迎风构件的风影（图 10.11））。

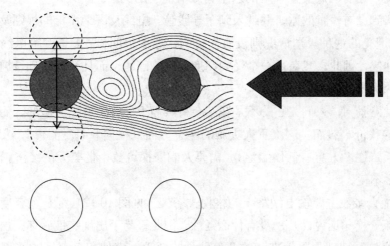

图 10.11 由风引起的横风振动

由于风激振动，破坏机理确定为低周疲劳（在 20000 ~ 50000 周之间）。

在首次发现破坏后大约两小时，针对拉索的各个位置提供了四台装置，以防止继续承担轻型道路交通的桥梁出现垮塌。

本例中的事件为空气动力学的特殊现象和桥梁设计中几个缺陷的组合效应。

本该预料到并纠正或消除上述破坏情况，但由于缺乏专门知识和经验，造成了上述破坏的发生。然而，已经以多个（4 个）平行构件（即荷载路径）在各个位置上提供了坚固性，这样，四台装置中某一装置的损失并不会造成任何进一步的破坏或垮塌。

在该事件发生后，用更高质量的钢拉索更换了所有拉索，改进了底板构造，从而允许转动，各拉索的四根单个杆件用一个装配夹具缚在一起，从而有效地防止了振动。

现代的斜拉桥建得坚固得多，沿跨度方向将众多拉索布置成扇形或竖琴形状。

10.6　输电线路

1998 年 1 月初，一场称作冻雨的天气将魁北克省西南部的绝大部分输电线路都破坏了；安大略省及佛蒙特州和纽约州的邻近部分也受到了影响。该天气状况并不罕见，而且每年冬天都会出现，有时候出现还不止一次，影响着北部地区的某些部分。它只是在两个方面是不寻常的，即两次冻雨事件前后紧密相连，累积效应的强度超乎寻常，并且突然袭击了人口更为稠密地区：在加拿大的寒冬，直至修复完工（某些还是采取的临时措施），大约 300 万人在一周到一个月以上的时间内无电可用。

这么多条输电线路（超过一万个塔架和支柱倒塌）垮塌的直接原因是冰在电线电缆上的大规模累积，以致有人发现呈圆柱状的坚冰直径达到 6ft（150mm）的例子，相当于每根电线上承受了约 111b/ft（16kg/m）的额外重量。该重量首先不得不由悬链线形式的导线和电缆所支承，然后由竖向形式的支柱支承，以及出现不均匀的荷载或跨度，或导线断裂的情况，还有靠近支柱顶端的水平荷载情况下的支承。

已经预料到会有少量的冰，并纳入到了导线管、电线及塔架设计的规则及程序中，但像 1998 年所遭受的这种极端情况则没有考虑到，原因很明显：大量的输电线路必须建在人迹罕至的地区，因此，载荷是一个受到高度重视的问题，而且，仅基础设施的数量就要求极端节省和优化。

在坚固性背景下，人们关心的不是在某个荷载等级上确实发生了破坏，而应考虑为其后果所付出的代价。然而，这次重大灾难的两个方面（根据 [14]，至少 25 人死亡与此事件有间接关系，许多人患有低体温症），需要人们来探讨数十亿美元的经济损失以及给人们带来的诸多不便。

- 用于绝大多数主要输电线路上的格构式塔架（见图 10.12）都是宽容度非常低的结构体系，换句话说，几乎没有什么延性，因此，易于出现脆性破坏。由于与上文提到的经济和地理局限性有关的几何结构的要求，塔架相互之间的间隔必须尽可能远，反过来，这样就会使塔架非常之高——导线的悬链线必须处于地面上的安全高度。它们还必须尽可能的轻。所有这些都使得空间桁架变成了完成该任务的优先方案，它具有用高强钢做成的非常纤细的构件（纤细度 $\lambda = l / i$ 达到 150 甚至 200），但通过弹性压曲，则会造成突然和完全的破坏，即呈脆性破坏。由于塔架的空间桁架具有非常小的冗余度，任何构件的脆性破坏都对整个结构的脆性破坏极其重要。这实际上已从拍摄的某些垮塌支柱的电影中观测到了。

图 10.12　输电线路呈多米诺骨牌形式破坏

- 第二个更重要的观测与破坏的幅度有关，包括超过 100km 长的输电线路，其破坏方式呈多米诺骨牌形式，受坚冰重压，塔架一个接一个倒塌，而且，即使在没有过量重压时，也会由于相邻的塔架倒塌引发一边倒的水平荷载，从而导致塔架倒塌。这就是为什么要花很长时间来重新构建系统运营的主要原因，甚至还要从北美大部分地区召集工作人员来提供帮助。多米诺骨牌形式的渐进破坏是坚固性设计必须防止的最重要的破坏类型。在蒙特利尔（魁北克）周围地区的这场停电灾难之后，指定了一个委员会，其任务就是找出事件的原因、破坏幅度和详情，比如灾难救援的组织和实施等，以及找出防止和减轻将来发生类似事件的方法和措施，所有这些都应在合理的支出范围内。

关于第一个观测，即结构构件的过大纤细度（即脆性），人们注意到：用锥形钢管做成的有独特柱身的支柱，显然对由冰暴形成的极端荷载条件提供了更好的支撑力。根据对这些构件的结构状况的审查，就非常清楚为什么会这样了：对于管状结构，绝不存在有高的等量纤细度压曲模式，而对于一个格构型空间桁架，每根构件（绝大部分格构型塔架由单角钢组成，这是为了方便组装）代表了一个（绝大部分为弹性的）压曲模式，还有一些涉及结构更大部分的额外的模式。

多米诺骨牌形式的破坏成了深入探讨的主题，明确结论是：必须以五到十跨的间隔提供坚固的支撑点，在这样的间隔处，渐进（即多米诺效应）效应被截断和阻止了。这在坚固性塔架形式中必须这么做，从而支撑所有荷载，即使是在极端条件下（即在任何情况下），包括过大荷重和由相邻塔架破坏导致的一边倒的拖拉荷载，而其他塔架仍然站立的情况。因此，在北美电力系统背景下，在五或十个塔架中有一个塔架的结构更坚固（即更重），这种相对较低的额外支出被认为是一项好投资。

输电线塔架的实例，提供了关于什么是坚固性及如何在可接受的程度上去实现它的最清晰和经典的简单例子之一：

为防止极端条件下的破坏，在某些情况下，可能代价高昂，那么限制破坏的蔓延就成了结构设计的目标。

参考文献

书中提到的文献

[1] Damgaard Larsen, O. (1993). Ship Collision with Bridges—The Interaction between Vessel Traffic and Bridge Structures; *Structural Engineering Documents* No. 4, April 1993, IABSE Zurich, 132 pp.

[2] Dodd, G. (2004). Structural Glass Walls, Floors and Roofs; *Structural Engineering International*, 14(2), pp. 88–91.

[3] EN 1990 (2002). Eurocode—Basis of Structural Design; CEN, 2002, 89 pp.

[4] EN 1991-7 (2006). Eurocode 1: Actions on structures: Part 1–7: Accidental Actions; CEN, 2006, 66 pp.

[5] Grether, M. (editor, 1996). Adlertunnel; *Schweizer Ingenieur und Architekt*, Nr. 18/1996, pp. 337–370.

[6] Gulvanessian, H.; Vrouwenvelder, T. (2006). Robustness and the Eurocodes; *Structural Engineering International*, 16(2), pp. 167–171.

[7] Haldimann, M.; Luible, A.; Overend, M. (2008). Structural Use of Glass; *Structural Engineering Documents*, No. 10, January 2008, IABSE Zurich, 215 pp.

[8] Hess, R. (2004). Material Glass; *Structural Engineering International*, 14(2), pp. 76–79.

[9] Kott, A.; Vogel, T. (2004). Safety of Laminated Glass Structures after Initial Failure; *Structural Engineering International*, 14(2), pp. 134–138.

[10] Knoll, F. (1982). Human Error in the Building Process; *IABSE Journal*, J 17/82.

[11] Knoll, F. (1984). Modelling Gross Errors; Risk, Structural Engineering and Human Error; Waterloo Press, Waterloo, Canada.

[12] Knoll, F. (1986). Checking Techniques; Modeling Human Error. Edited by A. Novak., ASCE, Ann Arbor Michigan.

[13] Knoll, F. *et al*. (1983). Summary; Rigi Workshop, IABSE, Switzerland.

[14] Meteorological Service of Canada (MSC). The Worst Ice Storm in Canadian History; Homepage of MSC, http://www.msc-smc.ec.gc.ca/media/icestorm98/icestorm98_the_worst_e.cfm

[15] NFPA 98 (2002). Guide for Venting of deflagration; US National Foundation of Prevention of Accidents.

[16] Peyer, B. (1985). Deckeneinsturz im Hallenbad Uster vom 9. Mai 1985—Orientierung der Bezirksanwaltschaft Uster vom 29. Mai 1985 (Ceiling collapse in the Uster swimming hall of May,9, 1985—Briefing of the district attorney of May 29, 1985); *Schweizer Ingenieur und Architekt*, Nr. 23/85, pp. 566–568.

[17] Rice, P.; Dutton, H. (1995). Structural Glass; E & FN Spon, London, 144 pp.

[18] Schittich, Ch. *et al*. (2007). Glass Construction Manual; 2nd revised and expanded edn., Birkhäuser Basel, 352 pp.

[19] Schober, H.; Schneider, J. (2004). Developments in Structural Glass and Glass Structures; *Structural Engineering International*, 14(2), pp. 84–87.

[20] Schuler, C.; Bucak, Ö.; Albrecht, G.; Sackmann, V.; Gräf, H. (2004). Time and Temperature Dependent Mechanical Behaviour and Durability of Laminated Safety Glass; *Structural Engineering International*, 14(2), pp. 80–83.

[21] The Institution of Structural Engineers (1999). Structural Use of Glass in Buildings; London, 168 pp.

[22] Vogel, T.; Kalak, J. (1998). Cut-and-cover Tunnel in a Karst Environment; *Proceedings*, IABSE Colloquium Stockholm 1998 'Tunnel Structures', IABSE Zurich, pp. 289–294.

[23] Wolf, Kropf & Bachmann AG; Plüss Meyer Partner AG (2000a). Lawinengalerie Nasse Kehle; Bauliche Sofortmassnahmen, Massnahmenprojekt (Avalanche Gallery 'Nasse Kehle', urgent safety measures, preliminary design); Swiss National Roadways, Highway Department Canton Uri, 6.10.2000, unpublished.

[24] Wolf, Kropf & Bachmann AG; Plüss Meyer Partner AG (2000b). Lawinengalerie Nasse Kehle; Massnahmenkatalog Thema Aussenstützen (Avalanche Gallery 'Nasse Kehle', options for remedial measures, topic columns); Swiss National Roadways, Highway Department Canton Uri, 22.11.2000, unpublished.

[25] Wolf, Kropf & Bachmann AG; Plüss Meyer Partner AG (2001a). Lawinengalerie Nasse Kehle; Dossier zum Massnahmenkonzept (Avalanche Gallery 'Nasse Kehle', dossier of conceptual design); Swiss National Roadways, Highway Department Canton Uri, 09.02.2001, unpublished.

[26] Wolf, Kropf & Bachmann AG; Plüss Meyer Partner AG (2001b). Lawinengalerie Nasse Kehle; Dossier zum Massnahmenprojekt (Avalanche Gallery 'Nasse Kehle', dossier of preliminary design); Swiss National Roadways, Highway Department Canton Uri, 02.03.2001, unpublished.

其他文献

Agarwal, J.; Blockley, D.I.; Woodman, N.J. (2001). Vulnerability of 3D Trusses; *Structural Safety*, 23(3), pp. 203–220.

Agarwal, J.; England, J.; Blockley, D. (2006). Vulnerability Analysis of Structures; *Structural Engineering International*, 16(2), pp. 124–128.

Alexander, S. (2004). New Approach to Disproportionate Collapse; *The Structural Engineer*, 82(23), pp. 14–18.

Bailey, C.G.; Toh, W.S.; Chan, B.M. (2008). Simplified and Advanced Analysis of Membrane Action of Concrete Slabs; *ACI Structural Journal*, 105(1), pp. 30–40.

Baker, J.W.; Schubert, M.; Faber, M.H. (2008). On the Assessment of Robustness; *Structural Safety*, 30(3), pp. 253–267.

Barmish, R. (1994). New Tools for Robustness of Linear Systems, MacMillan Publishing, New York.

Beeby, A.W. (1999). Safety of Structures and a New Approach to Robustness; *The Structural Engineer*, 77(4), pp. 16–21.

Boulding, K.E. (1989). Towards a Theory of Vulnerability; *Journal of Applied Systems Analysis*, 16, pp. 11–17.

Burnett, E.F.P. (1975). The Avoidance of Progressive Collapse: Regulatory Approaches to the Problem; National Bureau of Standards, Washington, D.C.

Callaway, D.S.; Newman, M.E.J.; Strogatz, S.H.; Watts, D.J. (2000). Network Robustness and Fragility: Percolation on Random Graphs; *Physical Review Letters*, 85, pp. 5468–5471.

Department of Defence (2005). Unified Facilities Criteria (UFC): Design of Buildings to Resist Progressive Collapse; Department of Defence (DoD), Washington, DC, 2005.

Ellingwood, B.R.; Leyendecker, E.V. (1978). Approaches for Design against Progressive Collapse; *Journal of Structural Division*, 104(3), pp. 413–423.

Ellingwood, B.R.; Dusenberry D.O. (2005). Abnormal Loads and Progressive Collapse; *Computer-aided Civil and Infrastructure Engineering*, 20(5), pp. 194–205.

Ellingwood, B.R. (2006). Mitigating Risk from Abnormal Loads and Progressive Collapse; *Journal of Performance of Constructed Facilities*, ASCE 20(11), pp. 315–323.

Ellingwood, B.R. (2007). Strategies for Mitigating risk to Buildings from Abnormal Load Events; *International Journal of Risk Assessment and Mitigation*, 7(6/7), pp. 828–845.

General Services Administration (2003). Progressive Collapse Analysis and Design Guidelines for New Federal Office Buildings and Major Modernization Projects; General Services Administration (GSA), Washington, DC, June 2003.

Grierson, D.E.; Xu, L.; Liu, Y. (2005). Progressive-Failure Analysis of Buildings Subjected to Abnormal Failure; *Journal of Computer-Aided Civil & Infrastructure Engineering*, 20, 155–171.

Haddon, W. (1980). The Basic Strategies for Reducing Damage from Hazards of all Kinds; *Hazard Prevention*, 16, pp. 8–12.

IStructE (2002). Safety in Tall Buildings; Institution of Structural Engineers, London.

Izzuddin, B.A.; Tao, X.Y.; Elghzouli, A.Y. (2004). Realistic Modelling of Composite and Reinforced Concrete Floor Slabs Under Extreme Loading I: Analytical Method; *Journal of Structural Engineering*, ASCE 130(12), pp. 1972–1984.

Izzuddin, B.A. (2005). A Simplified Model for Axially Restrained Beams Subject to Extreme Loading; *International Journal of Steel Structures*, 5, pp. 421–429.

Izzuddin, B.A.; Vlassis, A.G.; Elghazouli, A.Y. *et al*. (2008). Progressive Collapse of Multi-storey Buildings due to Sudden Column Loss—Part I: Simplified Assessment Framework; *Engineering Structures*, 30, pp. 1308–1318.

Lamont, S.; Lane, B.; Jowsey, A.; Torerro, J.; Flint, G. (2006). Innovative Structural Engineering for Tall Buildings in Fire; *Structural Engineering International*, 16(2), pp. 142–147.

Leyendecker, E.R.; Ellingwood, B.R. (1977). Design Methods for Reducing the Risk of Progressive Collapse in Buildings. *Building Science Series*, 98, National Bureau of Standards, Washington, DC.

Lind, N.C. (1995). A Measure of Vulnerability and Damage Tolerance; *Reliability Engineering and System Safety*, 48, pp. 1–6.

Lind, N.C. (1996). Vulnerability of Damage-Accumulating Systems; *Reliability Engineering & System Safety*, 53(2), pp. 217–219.

Lu, Z.; Yu, Y.; Woodman, N. J.; Blockley, D.I. (1999). Theory of Structural Vulnerability; *The Structural Engineer*, 77(18), pp. 17–24.

Maes, M.A.; Fritzsons, K.E.; Glowienka, S. (2006). Structural Robustness in the Light of Risk and Consequence Analysis; *Structural Engineering International*, 16(2), pp. 101–107.

Müllers, I.; Vogel, T. (2008). Dimensioning of Flat Slab Structures for Column Failure; *Structural Engineering International*, 18(1), pp. 73–78.

National Institute of Standards and Technology (2005). Final Report of the National Construction Safety Team on the Collapses of the World Trade Center Towers; NIST NCSTAR 1, Draft for Public Comment, National Institute of Standards and Technology, USA, September 2005.

Office of the Deputy Prime Minister (2000). The Building Regulations 2000, Part A, Schedule 1: A3, Disproportionate Collapse, 1992 Edition, Fourth Impression (with amendments) 1994, further amended 2000, Office of the Deputy Prime Minister, London, UK.

Radowitz, B.; Schubert, M.; Faber, M.H. (2008). Robustness of externally and internally posttensioned bridges; *Beton- und Stahlbetonbau*, 103(S1), pp. 16–22.

Rausand, M.; Hojland, A. (2004). System Reliability Theory (second edition); John Wiley & Sons, New York.

Smith, J.W. (2006). Structural Robustness Analysis and the Fast Fracture Analogy; *Structural Engineering International*,16(2), pp. 118–123.

Song, L.; Izzuddin, B.A.; Elnashai, A.S.; Dowling, P.J. (2000). An Integrated Adaptive Environment for Fire and Explosion Analysis of Steel Frames—Part I: Analytical Models; *Journal of Constructional Steel Research*, 53, pp. 63–85.

Sorensen, J.D.; Christensen, H.H. (2006). Danish Requirements for Robustness of Structures: Background and Implementation; *Structural Engineering International*, 16(2), pp. 172–177.

Starossek, U. (1999). Progressive Collapse Study of a Multi-Span Bridge; *Structural Engineering International*, 9(2), pp. 121–125.

Starossek, U. (2006). Progressive Collapse of Structures: Nomenclature and Procedures; *Structural Engineering International*,16(2), pp. 113–117.

Starossek, U. (2007). Typology of Progressive Collapse; *Engineering Structures*, 29(9), pp. 2302–2307.

Starossek, U. (2008). Avoiding Disproportionate Collapse of Tall Buildings; *Structural Engineering International*, 18(3), pp. 238–246.

Taylor, D.A. (1975). Progressive Collapse, *Canadian Journal of Civil Engineering*, 2(4), pp. 517–529.

Val, D.V.; Val, E.G. (2006). Robustness of Frame Structures; *Structural Engineering International*, 16(2), pp. 108–112.

Vlassis, A.G.; Izzuddin, B.A.; Elghazouli, A.Y.; Nethercot D.A. (2006). Design Oriented Approach for Progressive Collapse Assessment of Steel Framed Buildings; *Structural Engineering International*, 9(2), pp. 129–136.

Wada, A.; Ohi, K.; Suzuki, H.; Kohno M.; Sakumoto, Y. (2006). A Study on the Collapse Control Design Method for High-Rise Steel Buildings; *Structural Engineering International*, 16(2), pp. 137–141.

Wu, X.; Blockley, D.I.; Woodman, N.J. (1993). Vulnerability of Structural Systems—Part 1: Rings and Clusters; *Journal of Civil Engineering System*, 10, pp. 301–317.